人工智能系列

人工智能与物联网应用

[日] 日经大数据（日経ビッグデータ）　编著

高华彬　译

机 械 工 业 出 版 社

今天，互联网已融入人类生活的方方面面，由物联网所引发的第四次工业革命正悄然兴起；人工智能正以前所未有的速度得到普及和发展，未来它势必取代人类的部分工作。应该如何看待人工智能？物联网又将为我们的生活和工作带来何种变化？数字化转型使得竞争环境发生剧变，企业及个人应该如何应对挑战？

本书通过浅显易懂的文字向读者介绍了这场数字化变革的现状。为了便于读者理解和学习，在本书的前半部分，由相关专家针对一系列行业热词及热点知识、结合相关实例进行了详细解读；在本书的后半部分，以人工智能及物联网技术为重点，着重介绍了通用电气及日本各行各业尤其是产业界在数字化转型方面所做的各种尝试和举措；在书的最后，日本创新理论大师玉田俊平太详细解读了如何才能进行颠覆式创新。

过去，工匠精神曾经使"日本制造"一度名满全球。今天，如何实现工匠精神与创新理念的有机结合？如何实现传统产业的转型升级？日本在这些方面也做了不少有益尝试。对于志在实现制造强国的中国人来讲，这些理念和实践，不乏可借鉴和学习之处。

前言

——各行各业都将因人工智能和物联网而改变

人类约一半的工作岗位都将被人工智能取代。

——2013 年，英国牛津大学的迈克尔·A. 奥斯本副教授就发表了如此"耸人听闻"的论文。

当时，恐怕很多人还都认为那只是对遥远未来的预测而已。然而，近年来其现实性意味却陡然激增。

2016 年 3 月，由美国谷歌公司研发的围棋人工智能"阿尔法狗（AlphaGo）"，以 4 胜 1 败的骄人成绩战胜世界顶级棋手李世石九段。虽然之前业界预测人工智能战胜职业棋手尚需十年以上，但是据称阿尔法狗因为学习了人类的 3000 万步走法，并通过与其他人工智能进行反复对弈而变得实力超人。

以前，人工智能主要应用于像谷歌这类拥有海量大数据的网络企业。但是，从 2015 年开始，其他领域的企业对人工智能研发及投资的热情也逐渐高涨起来。人工智能自身在不断发展；同时，在所有机器上安装传感器并通过互联网进行连接的物联网也正在迅速普及；由此，在制造业、基础设施产业等领域的大数据采集将变得更为容易。这些都为人工智能的兴起和普及铺平了道路。

2016 年 1 月，丰田汽车在美国硅谷设立了人工智能研究所，并确定在今后五年内将投入 10 亿美元。今天，全球化企业在人工智能及物联网研发方面动辄投资上千亿日元已变得理所当然。这是因为他们深知：数字化技术的出现将促使行业的竞争环境发生激烈变化。

汽车行业的"自动驾驶"、制造业的"工业 4.0"及"工业互联网"构想、流通领域的"全渠道（Omni Channel）"概念、金融业的"金融科技（FinTech）"，等等——无论在哪个行业，数字化革命都已悄然兴起，很多掌握人工智能及物联网技术的跨界企业及网络企业正不断涌现，并成为各行业新的竞争对手。

本书的目的在于通过浅显易懂的文字让读者全面了解这场变革的现状。书中第 2 章针对备受关注的一系列关键词，由各行业专家结合具体事例进行详细解读。第 3 章和第 4 章分别介绍人工智能和物联网应用的典型实例，并附有专家点评。

今天，我们的工作方式和商业模式正在发生日新月异的变化。群雄逐鹿，商业人才及企业如何才能最终胜出？在第 5 章，创新理论大师、关西学院大学的玉田俊平太教授为我们详细讲解了有关颠覆式创新的成功秘诀。

数字化革命将为企业及个人的工作带来何种变化？衷心希望本书有助于您了解相关知识并迈出崭新的一步。

目　录

第1章

大 咖 视 点

通过引入人工智能及物联网等数字技术来推动业务变革，这离不开经营者的积极意识和主动性。雀巢日本公司的高冈浩三总经理，通过设立"创新奖"面向所有员工征集创意和点子；三越伊势丹控股公司的大西洋总经理则依靠新设信息战略本部来挑战变革。尽管他们所用的方法和途径有所不同，但在坚信员工的力量并期待与他们共同迎接变革浪潮这点上，大家的观点却是一致的。

1.1　高冈浩三：解决客户还没有意识到的问题，这就是创新

一直以来，雀巢日本公司都在接连不断地推出新服务和新产品，由此其业务也获得了持续的发展和扩大。公司一直在努力探索创新的真正含义，并计划在未来一年投入 1 亿日元，用于培养员工的创新意识。他们是如何开拓新业务的？有什么秘诀？我们就此对高冈浩三总经理进行了深度采访。（采访者：杉本昭彦）

受访人物简介：

高冈浩三（Kohzoh Takaoka）：1983 年入职雀巢日本公司，2005年任雀巢糖果公司董事长兼总经理，2010 年任雀巢日本公司董事长兼副总经理、饮料事业本部长，同年 11 月出任该公司董事长、总经理兼首席执行官。

杉本昭彦：目前，对于运用大数据的新业务，公众及业界的关注度越来越高。

高冈浩三：首先，我想谈谈什么是营销。简而言之，营销就是替客户解决问题及其实施的过程。这里所说的问题有两类：一类是即使去问客户但客户自己也不明白的问题，即无意识的问题；另一类是通过消费者调查能发现的、他们自己已有所意识的问题。营销就是要解决这两大类问题。

还有一点，"创新（innovation）"与"更新改造（renovation）"有什么不同呢？有些问题即使问客户他们也回答不了，只有在解决这类问题时才可能产生创新。解决客户已经有所意识的问题，实际上仅仅是一种更新改造。这就是我们经过研究后得出的结论。

回顾世界历史，之前人类社会已经历过三次工业革命。第一次是由煤炭和蒸汽所带来的能源革命。在第二次工业革命时期，爱迪

生发明了电灯和电力系统，此外人类还发现了石油。之后，包括飞机、汽车、家电产品等，诞生了各种各样的东西。这些都是 20 世纪的创新。因为在当时，你去问客户"飞机""汽车"这些东西，他们并不会说"给我生产一辆汽车吧"或者"帮我制造一架飞机吧"。

1. 什么是 21 世纪的创新?

在 20 世纪后半期，随着计算机和互联网的出现，人类迎来了第三次工业革命。今天，还需要用电和石油去解决的问题已经几乎不存在了，21 世纪的问题必须通过互联网及人工智能等来加以解决，只不过大家对此还没有什么意识。如果我们不知道客户需要解决的问题是什么，那么相关技术的利用也无从谈起。

对于雀巢咖啡的销售，咖啡机起到了推波助澜的作用。因为我们所解决的问题，是咖啡的饮用方式问题。

今天，尽管日本的人口在不断减少，然而家庭户数却在急速增加。在这些家庭中，6 成都是成员为 1～2 人的小户人家。如此一来，咖啡的饮用方式也发生了变化，由家庭饮用为主变成了个人饮用为主。因此，我们公司生产出了只需轻按一下按钮就能流淌出一杯杯香浓美味咖啡的咖啡机，上市后销量极佳。这种机器目前在日本非常普及，已卖出 500 万台。但现在我们在考虑的是：今后也许将会增加到 1000 万台、2000 万台，届时如果把它们用物联网连接起来，又能够解决些什么问题呢?

杉本昭彦：连客户自身都没有意识到的问题，企业怎样才能发现呢?

高冈浩三：为了培养员工解决问题的能力，我们公司设置了一个"创新大奖赛"，就是每个员工每年至少要琢磨出一个点子，并对其实施小规模的验证。公司给获得第一名的员工奖励 100 万日元，给第二名奖励 50 万日元。作为营销人员，首先要做的并不是数据分析，而是要尽力去思考客户所面临的问题。

这项比赛从五年前开始实施，第一年的应征点子只有 70 个左右，但到去年已超过 3300 个。而且，我们并非有了点子就万事大吉，而是与那些初创企业一样，首先要进行小规模的尝试，否则就是纸上谈兵，没有说服力。为确保该项目的实施，整个公司一年安排了大约 1 亿日元（约合人民币 585 万元）的预算。

2. 哪些工作是人工智能所无法取代的?

杉本昭彦：您有没有向员工传授思考点子的步骤或者方法?

高冈浩三：这个只能靠员工自己去琢磨和思考。如果真有这类教科书的话，那么竞争对手也随时可以模仿。所以只能花时间老老实实地去努力。但是，不管怎么说，与其他企业相比，我们公司的利润率占压倒性优势，而且这种趋势还在长期持续，其原因还是因为我们拥有自己的技巧。也只有这个，才是将来机器人和人工智能所无法取代的、需要白领人士去完成的工作。因此，对员工进行教育和培养的确是一件非常重要的事情。

杉本昭彦：高冈总经理，据说雀巢总部也期待您能发挥"首席创新官"的作用。

高冈浩三：虽然没被正式任命，但他们的确这么称呼我。雀巢公司没有首席创新官一职，一直以来都是由研发部门的负责人在发挥着引领作用。

以前，我们把研发费用的一多半都花在了商品品质改善方面。在过去 20 年，雀巢咖啡为此花费了几千亿日元甚至更多，然而销售额却不升反降。后来，雀巢日本扭转了这种颓势。

于是，雀巢总部提出了"产品外创新"的口号，即眼睛不能只盯着商品。由此，我们才把目光聚焦于"解决问题"上面。

杉本昭彦：数据分析对于发现创新课题没有帮助吗?

高冈浩三：数据分析对于更新改造极为有用，而且我也并不全盘否定更新改造。

大数据还有一个价值。以前，像我们这样的消费品厂商，并不

4

知道是谁购买了我们的产品。但是现在情况不同了，尤其是在变成电商以后，我们可以很清楚地掌握这方面的情况。如果机器实现了物联网连接，我们还能知道每时每刻、是谁在哪里、正喝着什么样的咖啡。如果再把它与工厂的机器设备连接起来，那么无需对销售额进行预测的时代就将宣告到来。

我认为，通过改变经营价值链来节省成本，大数据里面存在着产生这类巨大创新的机会。对消费者行为能够进行准确捕捉，这本身就是一种价值。

杉本昭彦： 在数据科学家等人才培养方面您采取了哪些措施？

高冈浩三： 我希望培养的是营销员，不是数据科学家。而且，这里的营销员包括所有员工，因此我们通过创新大奖赛对他们进行教育和培养。数据分析专家可以委托外包。或者，只要输入关键词就能够很容易地进行分析，这样的时代不是马上就会到来么？

我们的物联网及人工智能应用项目名为"阿童木项目"（Project Astroboy），用的是"铁臂阿童木"的名字。由于营销涉及所有部门，所以整个公司都在参与实施。工厂方面也是一样，今后五至十年能够做什么，我们现在正在思考当中。

比方说，现在工厂里面的这些人十年之后将会怎么样？尽管说"团块世代"⊖的那些人都退休了，需要重新招募新人，但是将来不是说很多工作都可以让机器人来完成吗？不是说物联网实现之后工人岗位就会减少吗？等这些都实现了，但我们公司因为是日本式经营而不愿意裁人，那么未来的工厂应该如何去设计和打造呢？对于解决这个问题，"铁臂阿童木"将发挥重要作用。

⊖ 团块世代，专指日本在 1947 年到 1949 年之间出生的一代人，是第二次世界大战后日本出现的第一次婴儿潮人口。他们被看作是 20 世纪 60 年代中期推动日本经济腾飞的主力，是日本经济的脊梁。这一代约 700 万人已于 2007 年开始陆续退休。——译者注

1.2 大西洋: 用人工智能提升生产率, 凭借数字化掀起大变革

三越伊势丹控股公司的大西洋总经理将数字化战略定位为公司经营活动的基础。他强调说:"我们的店铺将通过销售人员与人工智能的融合来应对挑战。"此外,公司还将引入 T-Point 积分制度,并希望通过运用便利店及百货店的客户数据来创造新的业务。(采访者:多田和市)

受访人物简介:

大西洋 (Hiroshi Ohnishi): 三越伊势丹控股公司董事长、执行董事;1979 年庆应义塾大学商学部毕业后即入职伊势丹;在男装部门工作后历任三越伊势丹立川店店长、三越 MD (商品企划) 统括部部长;2009 年担任三越伊势丹总经理、执行董事;2012 年开始任现职。重视"以人为本的经营",积极推进对员工的合理性评估等人事制度改革。

多田和市: 2015 年 9 月至 2016 年 3 月,贵公司尝试实施了运用人工智能的待客措施。在平板终端上所显示的服装和鞋子等商品里面,选择自己所喜欢的东西,计算机就会自动推荐符合触摸者偏好的衣服或相关搭配物品。贵公司推出这项举措的目的是什么?

大西洋: 人工智能和机器人等数字化措施,几年前我们就已经开始尝试,那时主要研究的是时装 3D 打印等项目。之后,人工智能不断升级,变成了提升店面生产率和顾客满意度的一种手段。今天,人工智能的应用已经变得不可或缺。

尽管如此,我认为,销售人员的感性待客服务依然不会消失,而且还应该加强店铺与客户之间的纽带联系。人工智能可以完成的

工作就交给人工智能去做，然后把腾出来的时间和精力专注于待客之道，把真诚待客做实、做足。在店铺层面，将销售人员与人工智能进行融合，以此提升生产率及客户满意度。

多田和市：您在很多场合都谈到要重视和加强销售服务等这类"现场力"。

大西洋：可以说，在零售业及百货店行业，持有客户连接点的一线员工决定着公司的未来。如果我们给这些人创造一个良好的工作环境，那么他们就可以向客户提供最上乘的服务。

今后，面向客户，我们应该提供那些客户自身还没意识到、甚至连想都没有想到过的东西，以此给他们带来感动。我们的店铺能否激起客户的潜在需求，这关系到企业的生死存亡。为此，我们需要去完善销售人员的工作环境，这里面包括缩短营业时间、引入绩效薪酬、运用人工智能等措施。

1. 把数字化置于最上位

多田和市：2015 年 11 月贵公司提出："将数字化作为经营活动的基础，从数字化角度出发对所有业务及流程等进行调整和重塑。将网络与实体相融合，把店铺、商品、服务、数字内容等相互连接起来，以此来创造新价值、新客户和新业务。"之后，在 2016 年 4 月新设立了信息战略本部 ⊖。

大西洋：对所有业务来讲，IT 都是必不可少的。就组织架构而言，数字化要放在最上面，把它作为由总经理亲自牵头的组织也未尝不可。因此，我希望把它设为本部，从而可以将所有组织横向串联起来。我当时考虑，最好把营销功能也纳入信息战略本部。

但是，在经营会议上却遭到了很多人的反对。"信息战略本部

⊖ 信息战略本部发挥的作用见图 1-1。——译者注

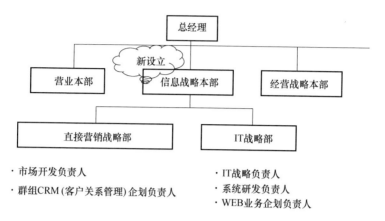

在2016年4月1日的组织机构改革中，公司新设了旨在实施业务创新的信息战略本部。

图1-1 在数字化变革过程中，"信息战略本部"所发挥作用最为关键

这个部门是做什么的?"有人提出这种问题，我认为这本身就反映了我们公司在这方面的劣势。你说"我们应该去做那些现在还处于构想阶段、尚未成型的事情"，他们就会问："你说的那些指的是什么呢?"然后就不了了之。

今天，IT给世界带来了翻天覆地的变化，信息战略本部应该做什么，这是我们必须自己去思考的问题。我们公司在这些思考能力方面颇为欠缺，所以新设信息战略本部时才遭到了那么多的反对。

说点题外话，那位反对最为激烈的、对数字化最不了解的人，我们反而把信息战略本部负责人（本部长）的位子交给了他。因为往往是那些一知半解的人，做事更难以走出自己所知道的"一亩三分地"。而这个领域两三年时间其发展即完全超乎想象。因此，我们认为，那些做事不靠已有经验的人反而更为合适。

多田和市：信息战略本部里面还设有IT战略部。到今年3月为止，担任三越伊势丹系统解决方案公司总经理的小山徹，被任命为

IT战略部部长；以前作为特命担当部长负责数字战略的北川龙也，被任命为IT战略主管负责人（担当长）。

大西洋：IT战略部的使命，就是挖掘目前还远未成型的、新的商业机会。小山和北川都富有咨询业务经验，同时具备IT知识，他们知道应该如何去制定计划和方案。今后怎样才能创造出新的商业模式，这个是最为重要的。因此我们认为，拥有实际商业经验的本部长与这二人堪称最佳拍档。

多田和市：公司提出的目标是2018年的营业利润要达到500亿日元。

大西洋：这个目标是三年前发布的。对设施进行维护改造、为获取新客户所做的投资等，要完成这些任务最少也得有500亿日元（约合人民币29亿元）的营业利润。然而，只靠既有业务利润增长、一点点地去积累显然是不够的。如果IT战略部不能创造出新的商业模式，那么这个目标就难以实现。于是，公司向信息战略本部长下达任务：用半年时间对以前实施的数字战略进行梳理，然后用一年时间创建新的商业模式，第二年就得创造出50亿日元（约合人民币2.9亿元）的利润。

方法及途径有两个，一个是在IT技术进步的基础上创造出新的商业模式，另一个是并购具备这种可能性的公司。

2."男装""女装"这种分类法或将消失

多田和市：您能谈谈ICT（信息与通信技术）所带来的新型商业模式吗？

大西洋：简单地说，就是通过创造一个架构或者机制来获取手续费收入这种模式。有了这种机制后，凭借应用IT技术就能有收入自动进账，这里面也包括广告手续费等。

在百货行业，很多人想的都是如何去一点一点地积累销售额。但是这样做企业将难以成长壮大。我们必须确立一个明确的目标，然后去想办法达成，否则企业将无法成长。因此，我们对于 IT 战略部寄予了很大的期望，这是事实。把它定位为经营平台也是出于这个目的。

多田和市：2016 年 4 月，贵公司与 Culture Convenience Club（CCC）合作成立了三越伊势丹 T-Marketing，其目的是什么？

大西洋：首先，与 CCC 合作，是因为他们有数据方面的企划能力、有创造新生事物的能力。另外，还有 T-Point 卡，这里面有将近 5000 万用户的数据。我们公司也有年龄层稍微往上、接近富裕阶层的约 300 万顾客（MI 卡）的数据。以这些数据为基础，我们可以对客户的行为及生活方式等进行分析。我们的目标是要打造日本最好的营销公司，这也是有可能实现的。

新成立的这个公司主要负责管理信息战略本部，总经理担任着本部长的职务。目前从 CCC 方面已经过来了好几名员工，里面也有数据分析师，今后可以开展各种数据分析工作。

其实，从 4 月份开始我们就已经在做数据汇集的工作。只需 3 至 6 个月的时间，就能汇集到我们之前从未见过的数据。例如，在便利店购买了高档瓶装饮料的人，他们对百货店的利用率是高还是低？都买了些什么？这些都将尽在掌握。这样，如果有在便利店购买了高档瓶装饮料的年轻顾客来到百货店里，我们就可以去主动接近他（她）。

再者，我们可以以数据为基础，不按年龄而是按照生活方式来对客户进行分类。以前百货店的商品大都按照"女装"或者"女性日用品"等来分类，这种现象应该不会持续太久了。我正在考虑，把某个店铺打造成一个按照生活方式来进行分类的新型百货店。不过，用伊势丹新宿本店来做尝试风险太大，所以我会选择其他门店。

1.3 真锅大度：人工智能将导致工匠技能价值丧失，人类只需做概念打造和逻辑编排

Rhizomatiks 公司董事真锅大度曾协助举办"香水音乐会"等时尚演出活动，是目前媒体艺术领域炙手可热的人物。真锅先生也在积极运用人工智能从事相关艺术活动，让我们来听听他对人工智能的潜能及未来的看法。（采访者：杉本昭彦、中村勇介）

受访人物简介：

真锅大度（Daido Manabe）：2006 年创立 Rhizomatiks 公司，2015 年与石桥素共同领导 Rhizomatiks Research，从事相关研发性项目的研究与实施。擅长运用程序及互动设计与各领域的艺术家开展合作。

杉本昭彦、中村勇介： Rhizomatiks 公司主要从事哪些业务？

真锅大度： 目前，我们所从事的业务主要有以下几个方面：媒体技术应用艺术、运用新型数字技术的广告及娱乐活动、对企业试制品的研发支持等。

我们的工作与纯粹的艺术还不太一样。对新型技术的研发性运用，这才是我们对自己业务的定位，即我们始终致力于运用新型技术来进行美术性质的表达。

我们的目标是：把在媒体艺术领域所积累的技巧应用于广告及娱乐活动，由此实现新的广告表现形式，以及向消费者提供新型体验。

杉本昭彦、中村勇介： 你们也在从事"人工智能 DJ"等活动吧，您对人工智能的未来怎么看？

真锅大度： 我们以前在艺术领域所做的尝试，现在也开始被应

用于商业领域了。

例如，三越伊势丹控股公司在伊势丹新宿本店最近实施了一项试验，就是把 Colorful Board 公司[⊖]研发的时装推荐人工智能 "SEN-SY" 用于顾客接待。在人工智能 SENSY 的帮助下，店员能够为来店顾客提供符合其偏好的最优化商品及搭配方案。我们公司也参与了 SENSY 的用户界面制作。

这类措施能否成功目前还缺少相应的证据。因此我们只能将具有这种可能性的服务推向市场，然后进行大面积的试验。即便开发了一个新机制，但如果没有人去进行实际应用并获取相关数据，那么也就无法对其进行评估。现在类似的试验越来越多，我想这本身也是一个耐人寻味的现象。

1. "人工智能选曲"让所有人走进舞池

杉本昭彦、中村勇介：应该说，基于数据的评估是非常重要的。对于您所研发的人工智能 DJ 成功与否，应该用什么样的数据来评估呢？

真锅大度：首先，在人工智能 DJ 所使用的播放曲目清单数据中，既有我自己以前所用的，也有来店消费者的曲目清单数据。人工智能利用这些数据进行自动选曲。另外，这个 DJ 项目的合作主办方将全世界的播放清单都搜集到了一起，然后按照比如 "A 曲之后播放 B 曲的概率较高" 这种规则，由拥有这些全球性数据的人工智能来实施 DJ 活动。

不管是哪种，其评估方法都非常简单，即最终目标是要达到这种状态：让所有客人都走进舞池。运用苹果手机的加速度传感器与3D 扫描仪的组合，我们可以掌握来店的总人数及他们所处的位置。

⊖ 公司位于东京都涩谷区。——译者注

因为事先将坐在吧台处的客人的曲目播放清单也作为数据进行了输入，所以如果想让他们走进舞池，那么只需播放他们所喜欢的曲目即可。但是，现阶段仍然是由人来操作更能掀起高潮，更能让客人聚到一起。不过，通过无数次反复尝试，我们将汇集到相关数据，届时再让人工智能对其进行学习，或许就能得到很有趣的结果。

杉本昭彦、中村勇介：尽管在现阶段，从结果上来讲 DJ 还是由人来担任更为适合，但是放眼未来，您认为人工智能与人类之间应该构建一种什么样的关系？

真锅大度：我想，人类与人工智能之间应该是一种协同合作的关系。拿 DJ 来讲，像搜索鼓点类型或和弦、低声部旋律等比较匹配的曲目，这种事情让机器来做瞬间就可以完成；然后，从里面再重点找出吧台客人播放清单的候选曲目，这些都是人工智能所擅长的。可是，根据眼前观众的氛围及热烈程度，来确定真正需要播放哪一首曲子这个最后的操作，估计还是只有由人来实施吧。我认为，像这种逻辑编排及概念性东西的打造，是必须由人类来完成的工作。

比如照片，对于构图的准确度及颜色平衡好坏等可以进行数值化处理，但判断它是否是一张打动人心的照片，这并不适合机器来完成。例如，给 20 个人拍摄 200 张肖像照片，然后把这些照片交给不同的人去挑选，最后选出的受欢迎照片大体上会比较接近。可是，如果这项工作让机器来做就会非常困难。选择符合相关逻辑文理或者某个概念的拍摄对象，以及对所拍摄照片进行挑选，这些应该是体现人的价值的地方。

但另一方面，工匠作业和匠人技能或将丧失其价值。比如照片，至于它是由机器拍摄的，还是人工拍摄的，这个将变得不太重要。另外，在乐器演奏方面，经常有人称赞某某演奏技巧高超娴熟，感叹"此曲只应天上有"，然而实际上这正是机器的强项。所以在将来，比起这种匠人技巧来讲，概念创造才是人类应做的工作。

尽管如此，我本人对人工智能的兴趣却在慢慢淡化。

2. 从论文发表到实际运用——速度的竞争

杉本昭彦、中村勇介：这是为什么呢？

真锅大度：是因为人工智能已经进入了实装（安装启用）阶段。人工智能超乎我们的想象，已早早地被运用于广告等领域，而且作为商业已经成型。例如，有很多企业都找到我们，希望我们对他们手中的数据进行解析并加以图表化等。

以前，一项新技术要形成业务，大多数都需要花费五年左右。在这段时间里，需要连续不断地制作媒体艺术作品，之后才能应用到娱乐活动等方面，大概是这样一种速度和节奏。然而，人工智能和机器学习的这个时间和过程变得太短、太快了。

目前，关于人工智能的新论文在发表之后，如何能够尽早地被解读、并得到实际运用，谁速度快谁就能胜出。进而，以实际运用的东西为基础，又会出现新的竞争，这次是看它能在多大程度上得到普及应用。论文、解读、应用，这三个阶段的速度都变得极快。

我们也是根据那些论文来制作作品，然而周围的速度还是太快了。尽管人工智能是今后涉及整个人类的重大题目，非常值得研究，但我们最终还是判断认为，要继续跟随和驾驭这个浪潮非常困难。于是我们开始思考，恐怕暂时从这个舞台撤下另辟蹊径更为有利吧。

最近，我们研发的重点是金融科技领域和多台无人机的同步自动操控等项目。使用无人机拍摄舞蹈演员，机器将综合考虑他们的动作及灯光角度、阴影投射等各个方面，自动进行优化构图和拍摄，这是我们正准备研发的东西。

第 2 章

关键词解读

人工智能、物联网，还有与新出现的数字业务相关的关键词，尽管我们经常见诸媒体报端，然而一旦真正需要向他人进行解释时，却又颇感模棱两可、力不从心。本章针对 22 个出现频率较高的关键词，由各领域专家结合相关技术内容、对产业及社会的影响及具体应用实例等，进行了简明易懂的解读。

2.1 人工智能领域

2.1.1 人工智能——深度学习使人工智能实现级别4，日本在"儿童人工智能"方面有望胜出（松尾丰）

（松尾丰　东京大学大学院工学系研究科技术经营战略学专业特聘副教授。）

深度学习的出现使图像识别及语音识别功能得到了大幅度提高。历来令计算机深感棘手的"1岁婴儿水平的知觉和运动技能"已被逐渐掌握。这类"儿童人工智能"与制造业颇具融通性，因此日本具有在全球领先获胜的机会。

今天，对人工智能这个词语我们已经并不陌生。实际上，它已被广泛应用于各种技术和产品。我稍微整理了一下，这些人工智能大致可划分为四个级别，见图2-1。

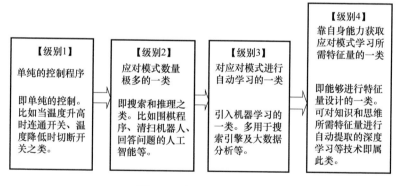

图2-1　人工智能的分类

目前，应该说深度学习所发挥的作用最为重要和明显。图像识别和语音识别的性能已得到大幅度提升。就图像识别而言，2015

年，在标准数据集方面人工智能已经超出了人类的识别精度。

要理解其中所包含的重大意义，我们需要对人工智能的历史有所了解。从 20 世纪 80 年代开始，"莫拉维克悖论"逐渐引起了人们的关注。它讲的是与大人所做的事情相比，儿童所做的事情反而更难以通过计算机来实现。即与智力测验及游戏等相比，让计算机对 1 岁婴儿所掌握的知觉和运动技能进行学习，这件事情反而要困难得多。很多专家也都对此有所认识。

1. "对运动的学习"也得以实现

然而，上述情况正在发生变化。图像识别已经发展到了超越人类水平的地步，进而通过与强化学习这类学习方法相结合，对运动的学习和掌握也正逐渐成为可能（见图 2-2）。

此前，美国加利福尼亚大学伯克利分校公开了一个通过深度学习与强化学习的结合，使机器人的动作变得熟练的演示。例如，玩具零部件组装等动作，就可以通过试错而逐渐变得熟练。我想，今后从识别到对运动的学习和熟练掌握，再到语义理解，伴随着技术的进步和发展，这一系列技术将为产业界带来巨大影响。婴幼儿能做的事情现在用人工智能也可以完成，由此，这种人工智能也被称为"儿童人工智能"。

另外，目前也出现了级别 3 以下技术的实用化潮流。今天，以大数据及物联网的兴起为背景，生活中各式各样的数据都开始得到采集和利用。在这当中，我们可以利用以前就有的人工智能技术（如机器学习、自然语言处理等）来创造出划时代的服务。现在，这些技术在网络世界的应用已变得理所当然，由此不难想象，今后在医疗、教育及金融等领域也将取得显著进展。

另外，制造业及农业的智慧化发展也被认为是这类潮流之一。这些我们暂且称之为"成人人工智能"吧。

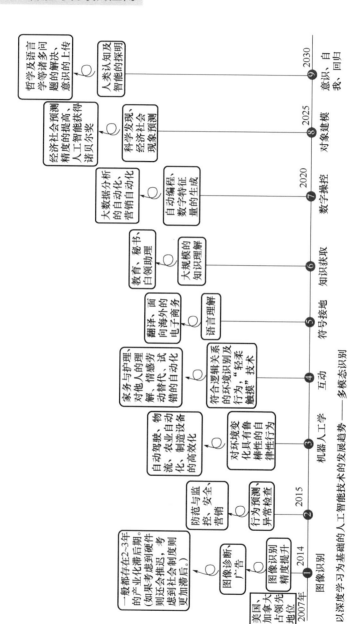

图 2-2　人工智能对技术发展及社会的影响（在 2015 年 12 月的预测）

2. 儿童人工智能中"识别"最具价值

上述两种人工智能都很重要，但是其战略措施却各不相同。成人人工智能是大数据的世界，谷歌等企业非常强大，早期完成平台构筑的玩家占有优势。将它与经营活动如何结合是关键，它与营销、销售有很好的融通性。"由'连接'所产生的价值"就是价值创造的源泉，英语圈地区拥有众多持多元化价值观的用户，他们在这方面更为有利。尤其是美国非常强大，日本想要逆转非常困难。

但另一方面，就儿童人工智能而言，"能够识别"才是价值创造的源泉。我们需要充分利用这个新技术的发展，在具体领域找准需求，准确应对，对已有产品进行充分的性能提升，或者通过新产品研发来创造附加价值。这些必须有以技术为支撑的设备投资和相关设计，与制造业有较好的融通性。日本社会正处于少子高龄化状态，尤其缺乏体力劳动者，应该说，使用儿童人工智能来进行补充和替代是完全有可能的。

参考书目

《人工知能は人間を超えるか》（《人工智能狂潮》），松尾丰著，角川书店。

作者认为，深度学习是人工智能 50 年来的重大突破，并且以人工智能的历史为背景，对其原因及论据进行了浅显易懂的阐述。该书还对深度学习今后的发展前景及其对产业和社会的重大影响等进行了详尽的介绍。

2.1.2　数据科学家——"前沿领域"不可或缺的数据应用专才（佐伯谕）

（佐伯谕　日本数据科学家协会理事、数据科学家协会技能委员会副委员长，电通公司数据营销中心数据管理部部长。）

他们是对企业所拥有的数据进行分析，并为企业找出相关对策及措施的专业人才。大约从 2012 年开始，日本也出现了对这类人才的需求，之后一直处于一种慢性不足的状态。不仅是营销，在新产品及新服务研发、经营战略制定等各个领域均有大量需求。

数据科学家被称为"21 世纪最具诱惑力的职业"，他们是对企业所持数据进行分析并为其找出相关对策和措施的专业人才。他们有的从属于一般性企业或公司，有的从属于专业的数据分析公司，然后被派遣至客户企业。在欧美地区，数据科学家在职业分类中已经是一个独立行业，在日本这种趋势也日益明显。

1. 解决问题所需的三种能力

数据科学家主要需要具备三种能力：一是包括统计分析在内的"数据科学处理能力"；二是从海量数据中找出真知灼见的"数据工程能力"，他们正是凭借这种能力从数据中挖掘价值；三是为客户业务及经营课题找到解决方案的"业务解决能力"（见图 2-3）。

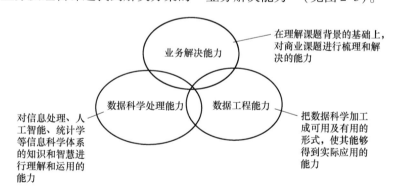

图 2-3　数据科学家应具备的能力

资料来源：日本数据科学家协会（http：//www. datascientist. or. jp/news/2014/pdf/1210. pdf）

当然，集所有这些能力于一身的超级数据科学家可谓凤毛麟角。较为常见的是，由拥有不同领域能力的数据科学家通过携手合作来共同解决问题。根据企业课题的不同，对核心技能的要求也有所变化。

数据科学家所涉及的领域正在不断扩大，其必备技能也分门别类多种多样。于是，在 2015 年年底，日本数据科学家协会将这些技能经过整理后确定为三大领域合计 422 项。其目的是为了解决对数据科学家有业务需求的企业与数据科学家之间的错配问题。

2. 各行各业均有需求

今天，数据科学家已经开始在各种企业中崭露头角。例如，在网络企业里，通过分析网络登录数据及客户数据，将其结果运用于 CRM（客户关系管理）及广告推送优化等。这些涉及对大数据的分析和优化处理。

在金融和保险行业，他们多从事风险分析及产品研发工作。例如通过运用客户数据及人口统计数据来研发授信管理模式及保险产品，等等。运用超强计算能力进行风险分析的保险精算师和金融工程师，这些人也应该归类于数据科学家这一职业。

此外，在制造业领域，尤其是品质和生产效率管理方面，概率统计等理论已被应用多年。今后伴随着物联网的发展，需要处理海量、高频次的传感器数据，由此势必增加对数据科学家的需求。

今后，随着人工智能及物联网应用的普及，企业及服务的数字化变革逐步得到推进，各行各业都将产生对数据科学家的需求。可以想见，数据科学家在企业内跨部门横向活跃的情形将越发普遍（见图 2-4）。

当然，对数据科学家而言，创新也必不可少。为出租车行业带来深刻变革的优步公司、金融科技、专注于农业技术创新的农业科技（AgriTech）等行业动向即是最好的例子。由于技术的发展升级，电动机和汽车等实体商业领域的变革也将不可避免。

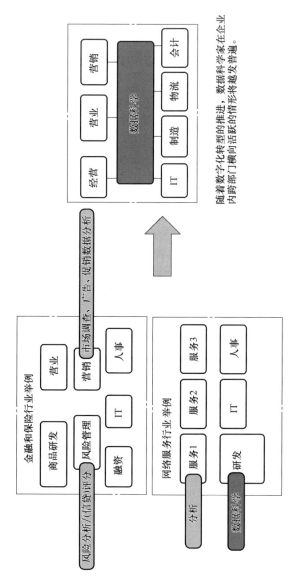

图 2-4 数据科学家在企业内部所处位置的变化

随着数字化转型的推进，数据科学家在企业内跨部门横向活跃的情形将越发普遍。

以前，数据科学家多活跃于网络服务企业和 IT 企业。今后，网络与实体的联动将产生各种"前沿领域"，在这些领域如何让数据的力量得到充分释放呢？我想，他们一定会为此积极迎接挑战，并成为各种创新不断涌现的重要推手。

参考书目

《会社を変える分析の力》（《改变企业的分析力》），河本薫著，讲谈社。

作者通过深刻洞察，阐述了在业务一线进行数据分析的价值及其意义。该书论据充分，分析可靠，能让你了解成为数据科学家所必备的基本素质及要求。作者是日本顶级的数据科学家，具有丰富的实践经验，曾主持创建大阪燃气公司的数据科学部门。

2.1.3　沃森（Watson）——支撑 IBM 业务的核心技术，文本问答及图像识别均已实现（日经大数据编辑部）

沃森是由美国 IBM 公司研发的人工智能技术，目前已被广泛运用于医疗及金融等领域。它是支撑 IBM 在全球推行的认知解决方案业务的核心技术。在日本，日本 IBM 与软银公司等也在积极开展运用沃森的解决方案业务。

沃森是由美国 IBM 公司研发的以云计算为基础的人工智能技术。除了先期开展应用的医疗和金融领域以外，人们预期它在营销、营业等各种行业及领域也将有广阔的应用前景。

沃森的特点是：通过对海量数据进行分析，对使用自然语言的复杂性问题进行解释，并寻求正确答案，它需要反复重复这种学习来导出具有事实根据的答案。2016 年 2 月，日本 IBM 公司与软银共同发布了沃森的日语版本。

目前，IBM 公司正在世界各地推广以沃森为核心的解决方案业务。在日本国内，从 2015 年秋季开始，参照全球通用的供应机制，日本 IBM 公司也与软银等公司在共同研发解决方案项目。该项目被称为"认知解决方案项目"，其构建方法及合作企业大致分为三类（见图 2-5）。

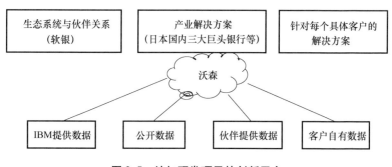

图 2-5　认知研发项目的创新平台

1. 巨头银行纷纷参与

第一类是"生态系统与伙伴关系"，软银即属于这一类。它是 IBM 公司的全球伙伴关系企业，与 IBM 公司持有相同的立场，即希望共同扩大沃森项目的生态系统。

另一类是"产业解决方案"。它们是与 IBM 公司共同参与行业通用解决方案研发的企业。其典型案例是采用沃森技术的银行呼叫中心业务支持系统。针对客户提出的问题，沃森能够将候选答案按照可能性从高到低的顺序一一列出。

作为合作企业，三菱东京 UFJ 银行、三井住友银行、瑞穗银行这三大巨头银行都联名加入其中。其具体做法是：与行业的代表性企业联手合作研发解决方案，然后再将其成功例子向行业内其他企业进行横向普及。

日本 IBM 公司执行董事、沃森事业部部长吉崎敏文告诉我们："银行的呼叫中心拥有（对客户问题进行回答的记录等）可供使用的数据，流程也非常清晰，因此可以有效利用沃森的问题回答功能。简易人寿保险公司也准备将其用于营业支持方面。早期主要应用于金融领域，但现在正逐渐扩展至流通和制造业等领域。"

第三类是面向一个个具体企业的"每个客户的解决方案"，其客户涉及各个行业。"2016 年 2 月，我们刚刚发布了沃森的日语 API（应用程序编程接口）。今后（使用 API 的）解决方案构建完成之后，我们将会依次对外发布。"事业部部长吉崎说。

2. API 的提供数量将倍增

目前，在全球已经发布的沃森 API 大概有 35 种。其中除了四种 β 版（评估版本）之外，余下的都可以进行一般性应用。这些对外提供的 API 大体上可以分成五类：文本问答功能、文本分析功能、图像系列、语音系列、用户界面系列。截至 2016 年 3 月，有日语版本的 API 共有六种，见表 2-1。

表 2-1　已经推出日语版本的主要 API

文本问答功能 API	自然语言分类器	对文本文章进行分类（对提问意图进行揣测等）
	对话	将与用户的对话按照事先定义好的规则进行控制，将对话内容记录下来然后传递至下一个流程
	搜索与排序	对于使用自然语言提出的问题，提供答案候选项
	文档转换	将 PDF 及 Word、HTML 等不同格式的内容，转换成搜索与排序等 API 可以使用的格式
语音系列 API	语音识别	将语音转换成文本文章
	语音合成	将文本文章转换成语音

吉崎部长还表示："2016 年，沃森的 API 还将增加一倍。需要推出日语版本的我们将依次去推进。" 在加紧研发这些沃森 API 的同时，还有一项非常重要的工作，那就是必须增加可供沃森使用的

数据资源。这些数据可以分为四种："IBM 公司提供数据""公开数据""伙伴企业提供数据""客户自有数据"。在构筑解决方案时，我们将根据需要对相关数据加以利用。

参考书目

《机器智能》，约翰·E. 凯利，史蒂夫·哈姆著，哥伦比亚大学出版社。

该书主要介绍的是下一代计算机，其特征是对来自各种信息源的海量数据进行分析，并像人类那样去学习，进而向人类提供支持和帮助。该书在一开始即将沃森作为对下一代计算机的先锋代表进行了介绍。

2.1.4 算法——从搜索、数据加密到商业活动及日常问题解决，无处不在的"神器"（Akira Shibata）

（Akira Shibata　美国数据机器人公司）

今天，我们的日常生活及工作涉及各种算法的应用，例如搜索、数据加密，等等。今后，随着越来越多的算法被应用于机器学习及深度学习等模式学习，包括预测及识别在内，算法在商业和各种日常问题方面的应用也将得到飞跃发展。

算法指的是使用计算机等工具对所输入数据进行处理的所有步骤。很多时候，需要对同样步骤进行无数次重复才能得到正确答案。举两个简单的例子，比如从所给出的一系列正数中找出最大值，或者根据天气条件来决定应该采取何种行动（见图 2-6）。

像美国谷歌的"网页排名"，即针对所输入的搜索词找出最合适的网页，其他如互联网上用于安全进行数据交换的公钥密码系统、对社交网站所显示内容的指定等，今天，我们每个人都在不知不觉、习以为常地使用和接触着各种各样的算法。今后，像生活规

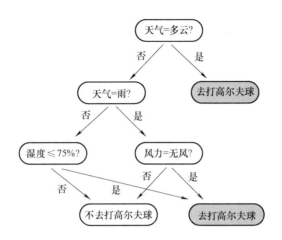

图 2-6　算法举例：根据天气和湿度等条件判断是否去打高尔夫球

划或者是根据某种原则来实施资产运作等，这些以前是由专业人士向顾客个别提供的服务，它们中的一部分也有可能被算法取代。

对模式的自动识别

"模式识别"和"机器学习"等算法是实现人工智能系统的基础。通过对已有数据中的模式进行学习，找出用于对未来新数据进行预测的规则群（一般称之为"模型"）。

例如，系统可以自动发现"在夏季、果子露系列的冰淇淋比奶油系列销量更好"这类模式，那么我们就可以通过这种方法来预测哪些商品将比较畅销；还有比如系统能够自动识别"图像上所画物体是什么"，那么我们就可以把它应用于自动驾驶技术，等等。

算法有各种各样的类型。其中备受关注的是：从古典的"线性回归模型"和"决策树"，到后来发展起来的"核方法"，进而还有灵感源自人脑神经的"人工神经网络"及作为其升级版的"深度学习"。

如果采用人工神经网络对服装的销售额进行预测，那么我们通常需要准备以下输入数据：商品所用面料、往年同期的销售情况、近期气温统计等。我们的目标是构建实现销售额最大化的模型，为此就需要通过反复尝试各种各样的规则来确定该模型所需参数（见图 2-7）。

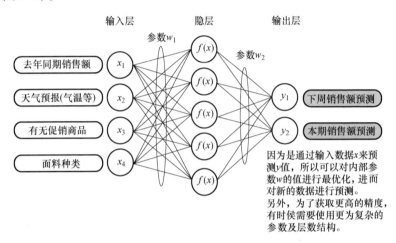

图 2-7 人工神经网络算法结构举例

对于模式学习算法而言，如何在寻找复杂规则的同时找到对未来数据也适用的通用模式，是其需要解决的课题。在决策树算法领域，近年，通过对多个决策树逐次进行组合来提高精度的"梯度推进（Gradient Boosting）方法"已经确立，并且在预测建模大赛上其精度和通用性也得到了验证。

语音及图像的模型建立

顾名思义，人工神经网络的构想源于人类大脑的神经回路，但它并非大脑的再现，而有其独特的发展路径。其算法是这样的：通过对输入数据进行乘法运算及设置被称为"隐层"的中间值，从而能够进行模式捕捉（见图 2-7）。从理论上来讲，如果增加中间层的话，应该能够捕捉到更为复杂的模式。但由于模式学习需要海量数据，因此并未受到太多重视。然而近几年，像卷积法和回归法等方法，已经在图像识别和语音识别等领域的高精度模型生成方面变得非常有用。

尽管算法存在很大潜能，人们对其期望很高，但是无论在理论上还是在应用方面，尚存在诸多未解难题及空白，需要专家们去做更为广泛和深入的研究。

参考书目

《データサイエンティスト養成読本　機械学習入門編》（《数据科学家培养读本——机器学习入门篇》），比户将平，马场雪乃等著，技术评论社。

书中作者均为近年来该领域备受关注的数据科学家。该书是入门类书籍，对各种算法的原理从入门知识到数理基础都进行了详细介绍，可以让读者在阅读后能够实际运用模式学习算法。

2.1.5　技术性奇点——技术的自律性改进实现超人类预测，强人工智能或将得到广泛应用（山川宏）

（山川宏　多玩国（Dwango）人工智能研究所所长）

技术性奇点，指的是技术通过反复的自律性改进将达到人类所无法预测的高度，智能也由此得到不断积累的现象。对自动获取的知识进行重组，进而去灵活解决各种问题，目前对这种强人工智能的研发正在提速。如果它真正实现，将有望在家庭机器人、艺术活动、医疗技术革新及社会问题解决等方面为人类社会做出重大贡献。

技术性奇点，它指的是这么一种现象：当科学技术发达到一定程度时，技术本身可能出现自律性的反复改进，由此技术进步就将呈现出人类所无法预测的加速发展，智能也将超越人类的理解而得到不断的积累。这个概念本身可以追溯至 19 世纪中叶，之后从 20

世纪 50 年代开始被称为"技术性奇点"。进入 21 世纪后，由于其现实性意味逐步增强而受到广泛关注。

1. 强人工智能将如何实现？

一般认为，实现回归性自我改进的关键技术包括人工智能机器人、生物技术、纳米技术等。

对于人工智能技术性奇点的出现而言，之前由人类对包括人工智能在内的各种技术进行研发（设计）这件事本身就是瓶颈（见图 2-8 左侧）。然而，如果在各方面都实现了具有与人类同等智能的人工智能（见图 2-8 右侧），那么通过这些人工智能自我设计新的人工智能，就可以一刻不停地将高速改进的工作持续下去。这

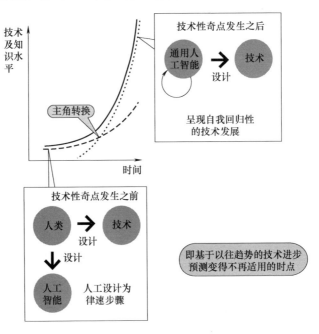

图 2-8　什么是技术性奇点？（即基于以往趋势的技术
进步预测将变得不再适用的时点）

样，人工智能将变成技术进步的主角，技术性奇点也由此诞生。

一直以来，人工智能的优势主要偏重于成人所擅长的规划及逻辑推理等智能。但是近年来随着深度学习技术尤其是数据表达学习的发展，已经实现了具有类似婴幼儿那样的模式识别及运动生成能力的人工智能。真实语言理解之外的人工智能，在特定课题领域正在逐步地超越人类。

目前，通用性问题是在实现人类级别人工智能方面尚待解决的主要课题（见图 2-9）。即需要实现对自动获取的多种知识进行组合，进而去灵活解决问题的这种智能，即"强人工智能"（也称为"通用人工智能"，Artificial General Intelligence）。从 2015 年开始，各国都加快了对强人工智能的研发。因此，在不久的将来，或许就会出现全面超越人类智能的强人工智能。

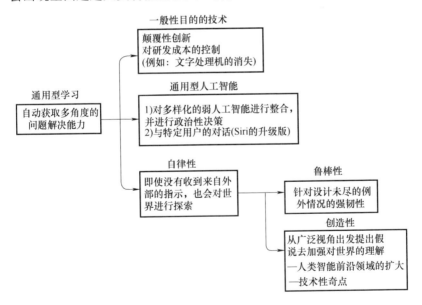

图 2-9　通用人工智能（AGI）将为我们带来些什么？

2. 凌驾于弱人工智能之上

随着强人工智能实现的逐步临近，在各种领域的低成本人工智能设计将成为可能，而且它将凌驾于弱人工智能之上。例如，对人类的复杂劳动进行替代的机器人，如果按照特定任务逐个进行系统设计，其效率将十分低下，因此在这些领域强人工智能将非常有用。

进而，如果强人工智能具有充分的自律性，就可以提出大量假说，并进行针对外界的各种试验。通过这些手段获取的外部知识，将提高系统对外部环境变化的应对能力，这对料理家务的服务型机器人之类的研发将非常有帮助。这种能力是创造性智能的基础，将来也会在艺术活动、新业务规划方面发挥积极作用。如果人工智能自身变得能够对世界进行理解，那么，这也将非常有利于医疗技术革新及人类社会问题的解决。

在奇点出现之后，超强智能将会使生产效率得到大幅度提升，人类社会将有可能成为全面享受其恩惠的理想王国。但另一方面，人类的尊严或将丧失，武器或被恶意利用，这类负面情形也有可能出现。另外，在过渡时期，也有可能产生因部分职业消亡而导致贫富差距扩大等问题。

为了应对这些变化，相关专家需要面向公众积极介绍强人工智能的发展情况。哲学、经济学、法学、政治学、社会学等方面的专家，还有普通市民等也需要参与进来，大家有必要就未来人类与强人工智能如何携手前行共同开展思考。

参考书目

《シンギュラリティ　人工知能から超知能へ》（《技术奇点——从人工智能到超智能》），穆雷·沙纳汉著，NTT出版。

作者从认知机器人工学学者的角度出发，在论述如何才能制造出超越人类的智能这个技术性话题的同时，对其所带来技术奇点的社会性影响、智能及人类的本质提出了疑问。

2.1.6 多重奇点——人工智能超越人类的奇点存在多个，用单一标尺评估智能是否合理？（石山洸）

（石山洸 瑞可利人工智能研究所推进室室长）

当人工智能超越人类智能时将会怎么样？奇点指的就是这个奇特的时点。与之相对，美国卡内基梅隆大学的汤姆·米切尔教授提出了"多重奇点"的概念。他认为，智能具有相对性，是无法用单一和绝对的标尺来评估的，因此应该有多个奇点存在。

"多重奇点"这个词是由美国卡内基梅隆大学的汤姆·米切尔教授创造的。奇点（Singularity = Single + larity），从其词源可以看出，它是把"当人工智能超越人类智能时将会如何"这种世界观当作一个奇特的时点来表示的。与之相对，多重奇点（Multi larity = Multi + larity）这个词本身就包含着"奇点存在多个"之意。

因为单一奇点的前提是人工智能的"智能 = Intelligence"能够用单一和绝对的标尺来评估，所以它将"人工智能超越人类智能"定义为一个现象，或者说是一个奇特的时点。但另一方面，人工智能的智能是不能用单一和绝对标尺来衡量的相对性事物——如果我们站在这种前提之下，那么人工智能超越人类智能的时点或现象就存在多个，其结果就是奇点存在多个。

这个问题意味着，对"智能"定义或将产生深远影响的人类价值观本身也可能是非常相对的东西。在单一奇点的概念下，智能被当作用单一和绝对标尺来衡量的事物，由此将可能引发人们对人工智能与人类孰优孰劣进行单纯比较，这才是问题提出者的忧虑所在。

从更为科学的角度来看，对于这个问题我们也可以这样理解：如果把智能表示为由多个不同能力（或要素）构成的矢量整体，那么使用单一尺度来进行评估并排序这种做法是否真的合适？

顺便提一下，米切尔教授现在担任着瑞可利人工智能研究所（Recruit Institute of Technology）顾问一职。

参考书目

《Machine Learning》（《机器学习》），汤姆·米切尔著，麦格劳·希尔教育集团。

这是一本有关机器学习的标准教科书，作者是多重奇点概念的提出者汤姆·米切尔。米切尔教授的讲义资料（照片）可以通过互联网免费获取：http://www.cs.cmu.edu/~tom/mlbook-chapter-slides.html

2.1.7 图像识别 API——图像内容识别及文本化，谷歌、沃森均有开发（日经大数据编辑部）

图像识别 API（Application programming interface），即对图像内容进行分析的应用程序编程接口。2016 年，美国谷歌因为宣布推出 Google Cloud Vision API 的 beta 测试版，而引起广泛关注。

Cloud Vision 主要具有以下功能：能够对智能手机应用软件"谷歌 photo"等所提供图像的内容进行检测，其图像内容包括花朵、建筑物等，多达数千种；可以对人脸的喜、怒、哀、乐等表情进行分析和识别。

针对已输入图像，对图中所示物品的类别、人的表情类别及其概率以打分的形式进行反馈。此外，还能对低俗及不雅内容进行检测，对图中文本进行提取等。

该软件已于 2016 年 3 月正式发布，并为用户提供有偿服务。对于图像内容检测，每 1000 张图像收费 0~5 美元（根据每月处理数量不同而有所变化）；对于文字识别，则每 1000 张收费 0~2.5 美元（同样根据每月处理数量不同而有所变化）。今后还有望推出视频识别和语音识别的 API。

另外，美国微软公司发布了 Project Oxford，它是对人脸、图像及语音进行识别的机器学习 API 的预览版本。2015 年春季，该公司推出"How old do I look？"网站，运用人脸识别"Face API"，只需用户输入人脸照片，屏幕上便能显示出其性别和年龄。此举也引起各方关注。

图像识别 Computer Vision API 的收费标准是，每月 5000 张以内为免费，每秒处理次数 10 次以内的"套餐"价格为每 1000 次收费 1.5 美元。

日本 IBM 公司的"IBM 沃森"日语版也在进行图像识别研发。它是从 2016 年 2 月开始提供服务的，刚开始仅发布了自然语言分类、对话、语音识别等 6 种 API，今后也将推出图像识别、表情识别等功能。

参考书目

《深度学习 Deep Learning》，人工智能学会监修，神嵩敏弘编，近代科学社。

深度学习大幅提高了图像识别的准确度，该书是有关深度学习的技术性解读书籍。该书由人工智能学会杂志所连载的专家文章汇编而成。书中第 5 章着重讲述了用于图像识别的深度学习——卷积神经网络。

2.2 物联网领域

2.2.1 物联网——"万物互连"促进各行业的服务化转型（森川博之）

（森川博之 东京大学尖端科学技术研究中心教授）

过去，各行各业都是模拟技术一统天下，然而现在，由于传感器及互联网的普及，它们正迎来巨大变革。其结果不仅是效率的大幅改善，还将带来对相关业务的重新定义。伴随着数字化进程的发展，在所有产业，IT企业等新玩家参与进来的可能性也将大大提高。

一直以来，被连接至互联网的设备大都是个人电脑或智能手机等计算机类东西，但是今后汽车、工厂的机器、医疗器械、体育器械等"物品"也将被连接到互联网上。这类技术或者说应用方式被称为"物联网"。

1. 经验和直觉将被数据取代

形形色色的物品无处不在，由此，物联网使得产业、经济和社会各自的结构都在发生变化（见图2-10）。另外，我们的四周也被各种各样的模拟世界包围和充斥。物联网可以通过对它们进行数字化改造来提高生产效率，并创造出新的价值。在过去，生产流程主要靠经验和直觉来操作和应对，今后都将置换成以数字化数据为基础的处理方式，由此便可以实现生产效率的提升及创新。

例如，琦玉县川越市有一家"鹰巴士"公司，在车辆上装载了GPS（全球定位系统）和红外线传感器等设备。他们通过详细记录乘客上下车的时间和地点等，对每个车站的乘客人数及车站之间的乘客人数（乘客密度）、车辆在线路上所处位置及运行时间等进行

安装有传感器的资源回收箱

保险公司的行驶计数器，通过检测驾驶安全程度对保险费实施折扣优惠。

① 移动医疗
② 资源回收
③ 工厂/SCM(供应链管理)
④ 交通
⑤ 能源
⑥ 店铺/办公室
⑦ 农业
⑧ 社会基础设施
⑨ 物流
⑩ 安全防范
⑪ 金融保险
⑫ 体育
⑬ 娱乐/服务

Secual的窗户传感器可以对非法闯入者进行监测

UPR的智能托盘可对货物进行追踪

图 2-10　物联网正引发各行业的深刻变革

资料来源：《大数据及物联网总览 2015-2016》（日经 BP 社）

精确掌握（见图 2-11）。同时，将成本评估单位由原来的"每辆"和"每趟"改为"每分钟"和"每千米"。最终，他们通过改换运营时刻表、巴士车型及车站位置等，成功解决了线路运营亏损问题。

　　正如上述例子所示，通过掌握现实世界的数据，就可以找到在生产效率及服务方面存在改进余地的地方，而这些正是物联网商业机会之所在。

　　例如，假如我们能够通过传感器随时掌握垃圾箱的重量等相关

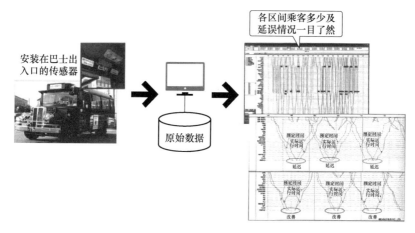

图2-11　通过在巴士上安装传感器来掌握实际运营情况

（埼玉县川越市鹰巴士公司的事例）

数据，就可以每次恰好在垃圾箱快要装满时才去收集，这样工作效率自然就会得到提升。另外，假如我们对产业机械的运行数据进行采集和分析，就可以提前发现故障的征兆。利用这些信息，我们就可以及时提醒客户或代理店进行定期检查或更换耗材，以及向他们提供可以改进燃料效率的运行方案等。

这类产业领域广泛存在，而且数量巨大。据专家测算，到2030年，物联网将为全球带来大约15万亿美元的GDP（国内生产总值）增长。

2. 业务因服务化而重新定义

企业的业务也将因服务化转型而被重新定义，物联网正在促进这种趋势的发展。

例如，荷兰的飞利浦公司向美国华盛顿哥伦比亚特区交通局提供了一个有关照明器具使用的服务方案。针对每个停车场的照明设备更换问题，他们提供的不是LED照明器具的销售，而是旨在实现电力消费优化及维护保养等的照明服务。

这样，对华盛顿哥伦比亚特区来讲，不但节省了大规模的初期投资，而且通过优化控制还削减了运营成本。对飞利浦公司来讲，也由此获得了长期性合同。

此外，大型空调企业美国开利公司也正在调整业务模式：将过去的空调设备销售业务转换为提供建筑物隔热及节能方案和提供凉爽舒适空间等服务的模式。

伴随着物联网的兴起及产业数字化转型的加速，就像美国苹果公司加入音乐行业那样，IT 企业参与进来的余地和空间也由此产生。行业界限逐渐消失，其他行业一步步参与进来，混业式竞争便由此开启。可以说，物联网不单是能够利用传感器信息来提高生产效率，还将改变未来的行业结构（见图 2-12）。

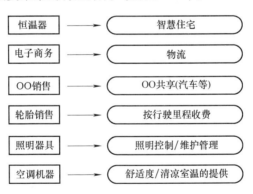

图 2-12　物联网使各行业的业务被重新定义

参考书目

《第二次机器革命》，埃里克·布莱恩约弗森，安德鲁麦卡菲著，W. W. Norton&Company。

第一次机器革命起源于蒸汽机车的使用，第二次机器革命则源于计算机的普及应用。该书一语道破天机：以物联网为代表的数字化进程，正在促进社会、产业及经济产生巨大变革，人类必须认真、积极地去应对这些变化。这本书让我们再次认识到，我们应该勇于面对，并积极地去迎接数字化挑战。

2.2.2 自动驾驶——无人驾驶汽车上路行驶尚需时日，但在特定领域有望提早实现（佐藤雅明）

（佐藤雅明　庆应义塾大学大学院政策与媒体研究科特聘副教授）

自动驾驶涉及的领域较广，包括从以实现安全和舒适的交通为目的的驾驶辅助系统，到无需驾驶人的自动驾驶。根据日内瓦《国际道路交通公约》，自动驾驶的前提条件是必须要有驾驶人的控制。但是，在特定领域提供低速交通服务这种自动驾驶技术的普及应用，可能比我们的预想来得更早更快。

一提到自动驾驶，也许我们脑海里会浮现出无人驾驶的汽车自由行使在宽阔大街上那种类似科幻电影的情景，然而自动驾驶技术的好处并不仅限于不需要驾驶人这点。

目前，像减轻冲撞损害的制动系统、高速公路上的车道保持功能等，这类可以减少驾驶人操作失误和身体负担的技术已经得到了普及应用。我们通常说的自动驾驶所包括的领域其实非常广泛，既包括这种以实现安全、快捷、舒适的交通为目的的驾驶辅助系统，也包括作为终极目标的无人交通运输服务。

1. 自动驾驶的四个级别

驾驶人驾驶汽车的行为大致可分为以下三个要素：认知、判断和操作。自动驾驶的本质，就是由系统取代驾驶人来全部或部分地执行这些功能。不过，其定义或者说构想也是各式各样，五花八门。作为其中一例，我们可以参考一下美国国家公路交通管理局（NHTSA）在2013年所公布的分类方法，即将其划分为四个级别

（见表 2-2）。

表 2-2 自动驾驶的分类（级别）

分　类		技　术　概　要	车辆控制	驾驶状况监测（对紧急情况及功能极限的判断）	安全管理及紧急应对（备用支持）
级别 1	特定（单独）功能的自动化	减轻冲撞损害的制动装置及 ACC（自适应巡航控制系统）等，转向系统控制、制动、加速等，这些控制中的某项操作由汽车自动执行	驾驶人/系统	驾驶人	驾驶人
级别 2	复合功能的自动化	在驾驶人监控的前提下，由汽车自动执行，如转向系统控制、制动、加速等构成的复合控制功能	系统	驾驶人	驾驶人
级别 3	高度自动化（有限的自动驾驶）	仅在紧急时或者功能达到极限时由驾驶人进行操控，除此之外由汽车自动执行几乎所有的操控	系统	系统	驾驶人
级别 4	完全自动化	无需驾驶人的介入，在所有状况下，均由汽车执行自律性运行操作	系统	系统	系统

　　目前已经投入市场的自动驾驶技术尚处于级别 1 阶段。预计从 2017 年左右开始，级别 2 的技术将被逐步投入市场。在高速公路等特定条件下实施操作的级别 3 技术，估计最早也要等到 2020 年才能得到应用。

　　关于级别 4 的实现目前有两种看法：一种是在级别 3 技术日渐成熟及社会性包容实现之后才会得到应用；另一种是从一开始就以

级别 4 为前提来进行研发，以期尽早投入市场。

例如，美国谷歌从一开始就以研发级别 4 车辆为目标，从 2012 年开始在美国某些州的公路上进行自律性驾驶试验，目前，其运行总里程已突破 227 万 km。

此外，在欧洲，有关特定社区无人交通运输的实证试验也正搞得如火如荼。比如法国利用 EasyMile 电动汽车 "EZ10" 提供了一项名为 "最后一英里" 的交通运输服务，车辆在没有驾驶人的情况下可按照事先规定线路进行低速行驶（时速 20km 左右）。在日本，2016 年机器人出租车公司⊖在神奈川县藤泽市的公路上也进行了自动驾驶交通服务的实证试验。

自动驾驶技术发展示意图如图 2-13 所示。

2. 自动驾驶的课题与展望

级别 3 及其以下的高级别驾驶辅助与级别 4 的自律驾驶，二者在是否需要驾驶人这点上有很大区别。高级别驾驶辅助是汽车厂商过去所研发行驶及安全技术的延伸，其运行和安全管理均由驾驶人担责。

然而自动驾驶则不同，它以机器人工学和人工智能为关键技术，主要由系统来进行运行及安全管理。根据日内瓦《国际道路交通公约》的规定，所有汽车必须配备驾驶人，因此在现行制度下，自动驾驶的前提是必须在驾驶人的控制之下来进行。

无人驾驶的汽车要在公路上行驶，还需要对这些法律规定进行修改。与此同时，对没有驾驶人的汽车在发生交通事故时的责任认定及保险制度等，也还需要加以充分的讨论。

从狭窄的街道到高速公路、停车场等所有可能涉及的地点，在

⊖　公司地址位于东京都江东区。

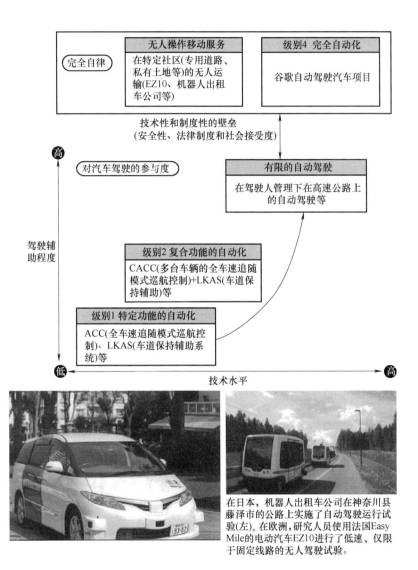

图 2-13　自动驾驶技术发展示意图

这些地方要真正实现无人驾驶汽车的运行，尚存在技术性和制度性课题。不过，对地点和速度均有所限定的级别 4 技术，这方面的服务则说不定很快就能实现。

参考书目

《自動運転　システム構成と要素技術》（《自动驾驶——系统构成与关键技术》），保坂明夫，青木启二，津川定之著，森北出版。

该书是由长期从事自动驾驶技术研发的工程师所著的介绍性读物。书中以作者的真知灼见为基础，对自动驾驶的概念、关键技术、国内外的研发事例等进行了系统、简明的梳理和介绍，是了解和掌握自动驾驶整体概念及相关内容的优秀读本。

2.2.3　无人机——实用化进程不断提速，防撞及拥堵难题待解（小林启伦）

（小林启伦　日立咨询公司高级咨询师）

美国亚马逊公司计划将无人机用于物品配送等，无人机的商业利用正引起广泛关注。未来，无人机的飞行、运输、探测调查三大功能将得到广泛应用。到 2030 年，日本国内的无人机市场预计将超过 1000 亿日元。然而，要想形成规模市场，尚需解决防撞功能等技术创新、空中的"土地"所有权等运用环境完善等课题。

正如美国亚马逊公司计划将无人机引入物品配送领域那样，无人机的商业利用正备受关注。"Drone"（无人机）这个词本身是"雄蜂"的意思，在第二次世界大战期间变成了对无人航空飞机的爱称，之后一直延续至今。近年来，它多指小型的多旋翼飞行器（配置有 3 个或 3 个以上旋翼的直升机），但也包括军用大型无人机及固定翼无人机等。

1. 三大用途：飞行、运输、探测调查

无人机最早主要是作为航拍兴趣用品得到普及的，但当人们认识到其商业用途后，很多领域都开展了对其利用方法的研究。

根据其功能的不同，我们可以将无人机的用途大致分为以下三类（见图2-14）。

【飞行】
无人机竞速比赛、无人机飞行秀等表演活动、无人机驱鸟等。

【运输】
无人机配送、医药品及急救用具的紧急运送、农药喷洒、作为"空中基站"提供网络接入服务等。

【探测调查】
无人机航拍、测量、对可疑人员进行搜索和追踪、调查农作物生长状况等。

图2-14 无人机的主要功能及商业用途

"飞行"用途与其字面意思完全相同。也许有人会说：不会飞行怎么能叫"无人机"呢？不过，有的无人机还具有进行飞行表演或飞行竞赛等非同寻常的功能。

"运输"，指的是让无人机装载一定物品并将其送至指定地点的功能。除了亚马逊公司的快递配送之外，像医药品的紧急运送、往偏僻岛屿运输物资等用途也正在被广泛探讨。此外还有这种做法，比如在无人机上搭载通信器材，令其在受灾地区上空等地飞行，把它作为"空中飞行基站"来使用。

最后，"探测调查"指的是收集相关信息和情报的任务。航拍也是其中一项，但它不仅仅搭载普通的可视光照相机，根据目的和需要，有时还会搭载比如红外热像仪等设备。另外，将数码相机所拍摄的图像制成 3D 模型等，类似的数据处理和应用成果颇丰，无人机用于搜集信息的价值也随之高涨。

2. 无人机的防撞功能

在上述介绍的无人机用途中，有很多已经走出了研究阶段，例如竹中工务店已将无人机用于工程记录和鸟害对策等，相关的实用化工作正在稳步推进。以这些动向为背景，国内外或将出现庞大的商用无人机市场。据预测，到 2030 年，仅日本国内市场就将超过 1000 亿日元（约合人民币 58.5 亿元）（见图 2-15）。

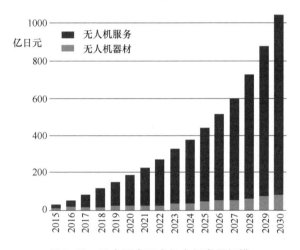

图 2-15　日本国内无人机市场发展规模

（资料来源：日经 BP Green Tech 研究所《世界无人机总览》）

然而，要想形成规模市场，还需要进一步的技术创新和法规完善。目前，在技术方面备受关注的是防撞系统和航空管制。如果无人机容易撞上行人或者建筑物并造成危害，那么人们就无法放心购买和使用。于是，很多企业都在积极研究自动防撞技术的实用化措施。例如，2016 年 3 月，世界级的无人机制造商中国的 DJI（大疆创新科技公司）发布了"精灵（Phantom）4"，虽然其价格仅为 20

万日元（约合人民币 1.17 万元）左右，是兴趣爱好用品的水平，却已经具备了非常出色的防撞性能（见图 2-16）。

竹中工务店将无人机用于大阪吹田市市立体育馆建设工程记录拍摄及操作人员的安全措施确认、驱鸟等

在机体前方和下方一共安装了4个传感器，此外还具备声呐探测功能和立体识别功能，因此当检测到障碍物时，它能够自动停止飞行

图 2-16　大疆创新科技有限公司的"精灵（Phantom）4"
已具备出色的防撞性能

还有一点，如果大家都使用无人机，那么将会出现空中交通拥堵等问题。这时，我们就需要有一个防止无人机之间及无人机与其他航空器之间发生冲撞的系统，那就是无人机专用的航空管制系统。美国国家航空航天局（NASA）已经在主导并推进这方面的工作，计划将在 2019 年之前分阶段完成该系统的实用化。

另外，相关法律法规的完善也必不可少。不仅仅是飞行线路和怎么飞等飞行规则的问题，还可能触及意想不到的法律问题。例如，根据日本现行民法规定，土地所有权涉及土地的上空。因此，要实现无人机配送物品，还必须取得机体所通过之处的土地所有者每个人的同意。显然，这是不现实的事情。

无人机所带来的低空空域这个新资源能否得到有效利用，这完全取决于今后相关方面能否出台有效的政策和措施。

参考书目

《空飛ぶロボットは黒猫の夢を見るか?》（《飞翔机器人会梦见黑猫吗?》），高城刚著，集英社。

该书主要讲述无人机的现状等，所论述的话题涉猎较广。书中还对日本的相关法规及特区问题等进行了梳理，并收录了对商用无人机的三大制造商——大疆创新科技有限公司、3D Robotics、Parrot 经营管理层的采访内容。

2.2.4 人形机器人——沟通型机器人将渐趋普及，与物联网化家电的联动备受关注（水上晃）

（水上晃　普华永道会计师事务所董事）

在我们的印象中，机器人多指活跃于工厂流水线上的工业机器人。然而今天，沟通型机器人已经出现，并开始走进我们的生活。即便是单一功能的机器人，只要与物联网等协同发展，今后也有望被广泛应用于各种新领域。目前，实现完全的通用型人形机器人尚存在较高的技术性门槛，但今后随着应用领域的逐渐扩大，问题或将迎刃而解。

早期的机器人多出现在制造业工厂，其作用主要是为生产提供辅助和支持（见图 2-17）。例如，为了提高劳动安全性，焊接机器人被引入了汽车生产流水线，并且随着技术的进步，其操作准确性已逐渐超越了人类。之后，工业机器人被广泛应用于分选、组装、涂装等众多生产工序和流程。

现在，服务领域也在研发和使用各式各样的机器人产品。例如，川田工业通过旗下子公司川田机器人（Kawada Robotics），正在研发和销售可以驱动双臂与工人进行协同作业的机器人。今天，机器人已经不仅限于以往的固定动作作业，而是可以执行各种操作和作业了。

在安防领域，西科姆（SECOM）利用具有自律运行和远程操作功能的机器人，已经成功实现了在无人区域的安全防范业务。

1. 与人对话的机器人

过去，机器人领域的研究课题主要是躯体进化和与之相伴的动作改进，然而，通过与 IT 技术的融合发展，沟通型机器人开始变得抢眼和活跃起来。

目前，较为典型的沟通型机器人大概应该是软银推出的"Pepper"（中文名"佩珀"）。佩珀身上安装有人工智能，可以与人进行对话。另外，通过网络连接，机器人还可以导入各种功能和信息，根据家庭或者店铺等引进者的需要提供各式各样的服务，这些都已实现。

面向普通消费者的沟通型机器人，其用途主要是简单的会话和游戏等娱乐功能。

另一方面，据推测，面向法人企业的机器人，通过与群软件（group ware）及 CRM（客户关系管理）等软件进行联动，机器人与人类实现协同作业这种全新的工作方式也将成为可能。例如，目前已经开始出现了由 CRM 与机器人实现联动的前台受理业务等。

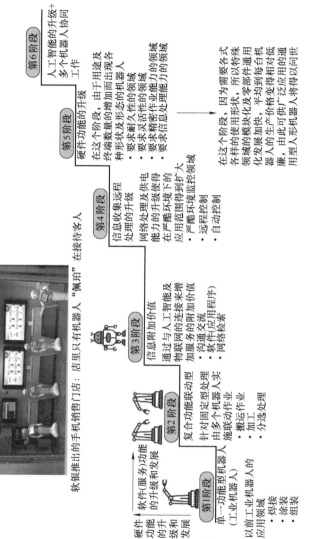

图 2-17 机器人的进化模式

此外，与各种机器的连接也将进一步提升机器人的便利性和应用前景，尤其与物联网的融合备受期待。在面向普通消费者的市场上，借助机器人来实现对物联网化白色家电和影音家电、灯光照明的控制，这些功能估计都将逐步得到实现（见图2-18）。例如，机器人在综合参考以往的电力消费量、不同时段的收费标准及房间室温等条件的基础上，对房间空调进行控制等，这类服务也将有可能得到实现。

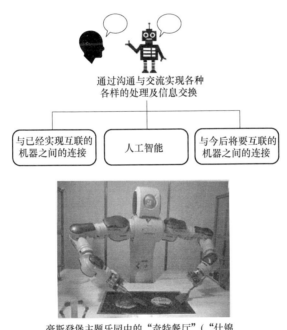

豪斯登堡主题乐园中的"奇特餐厅"（"什锦摊饼机器人"会用与人工厨师相同的动作摊煎饼，动作准确熟练，味道也毫不逊色）

图2-18 机器人与物联网

在针对法人企业的办公设备领域，通过机器人与复印机、个人电脑、电视会议系统等办公设备的连接，将有效提高工作效率。另外，利用机器人的远程办公等新型工作方式也将不再是梦想。

2. 发展进程中的课题

今后，尽管人们对机器人在各种领域的应用期待甚高，但是要达到与人类完全一样的状态，目前尚存在技术性障碍。要达到真正普及也还有价格门槛等。由此可见，利用通用型技术对人类进行辅助和支持的机器人，其出现尚需时日。

但是，机器人的应用领域正在不断扩大，关联终端数目也在稳步增加。随着终端的普及其经济性的提升，估计其价格和技术门槛也将很快降低。由此可见，在不久的将来，人形机器人成为人类得力助手的时代就会到来。

参考书目

《机器人时代：技术、工作与经济的未来》，马丁·福特著，Basic Books。

该书从软件技术的角度讲述了机器人和人工智能的未来可能性。该书尤其指出，白领工作将更容易被机器人取代，这点很有启发意义。强烈推荐硬件工程师以外的读者务必一读。

2.2.5 工业 4.0——德国加强制造业竞争力的国家战略，与世界其他国家亦有合作（川野俊充）

（川野俊充　德国倍福自动化日本法人代表、总经理）

工业 4.0 是 2013 年由德国政府提出的一项国家战略。它作为应对国民老龄化、就业人口减少、技术传承等社会结构问题的有力举措而广受关注。后来，又因受到欧美、日本、中国及印度等主要工业国家的追随，而被称为"第四次工业革命"。

2016 年 4 月，在德国举办的"汉诺威工业博览会 2016"上，很多企业推出了旨在实现跨厂商及跨工序互连的"大规模定制[⊖]"的具体解决方案。时任美国总统奥巴马等各国政要也纷纷前来视察。

工业 4.0 主要包括两个方面：一个是"升级发展"，即运用信息通信技术使生产一线的各个工序实现整体优化；另一个是"变革"，即通过新的数字价值链创造新市场。升级发展的目的，是将满足客户个性化需求的产品按照批量生产的价格、品质和交货期提供给客户。这样，以大批量生产为前提的汽车、家电、家具及服装等工业产品，就可以实现大规模定制生产。

在实际生产中，要想将机床等工业机械运用自如，需要操作者具有相当娴熟的技术和丰富的经验。首先需要学习操作和编程方法，并从设计、材料及工具的数据中获得经过细致调整的设定条件，这种由使用者与厂商两者共同实施的技术切磋可谓是制造业的根基。在变革方面，企业之间产品及零部件的共享自不必说，更重要的是必须有相互提供技术诀窍及服务的"市场"（见图 2-19）。换言之，即需要通过信息交换等来缩短产品生命周期及实施创新。

1. "工业版 App Store"

这个"市场"，有点类似 iPhone 的 App Store（苹果应用程序商店）。有了它，制造企业就可以出售自己公司的技术诀窍。

在这里，人工智能的作用也非常重要。以往，技术工人所掌握的感觉和经验均由各种各样的数据构成，很难对其进行语言化表

⊖　大规模定制（Mass Customization），根据我国学者祈国宁教授的解释，它是一种集企业、客户、供应商、员工和环境于一体，在系统思想指导下，用整体优化的观点，充分利用企业已有的各种资源，在标准技术、现代设计方法、信息技术和先进制造技术的支持下，根据客户的个性化需求，以大批量生产的低成本、高质量和效率提供定制产品和服务的生产方式。——译者注

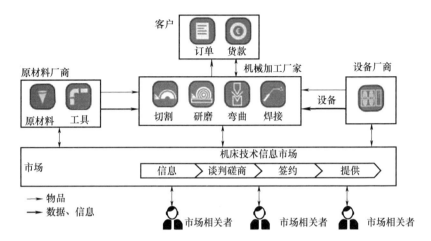

图 2-19　工业 4.0 是由多个企业相互提供产品、零部件及服务的"市场"

注：参考德国国家科学与工程院白皮书"Smart Service Welt"（《智能服务的世界》）中的"技术信息市场"概念（http://goo.gl/69MNDZ）

（资料来源：acatech Smart Service Welt，March 2015）

示。这些无法用语言来表达的"潜默知识"，如果能通过机器学习或深度学习把它们加以"形式知识化"，那么就可以对其进行传承和出售。也许，我们可以像"阿尔法狗"那样，通过强化学习制造出超越人类智能的技术诀窍。

最近，德国政府出台了一项旨在把各种服务都加载于数字平台之上的"数字议程（the digital agenda）"，并将其定位为国家计划，其实这也属于前述变革潮流的一部分。这大概是因为他们已经意识到，这种技术市场或将被广泛应用于农业、医疗、能源等所有产业。

2. 丰田也转舵下一代

德国经济能源部的一名官员自我评价说："目前德国大概发展到了工业 3.6 的水平。"如其所述，在德国，工业 4.0 的真正大规模实装和引进也才刚刚开始。2016 年 3 月，德国正式发布消息，称将与由美国通用电气（GE）等主导的互联网工业联盟（IIC）开展合作（见图 2-20）。

另外，一直貌似作壁上观的日本也终于有所动作。在 2016 汉诺威工业博览会期间，日本经济产业省与德国经济能源部签署协议，双方同意携手合作，共同解决与实现工业 4.0 相关的课题。而且，更为标志性的事件是，在汉诺威博览会现场，丰田汽车发布消息说，将全面采用工业网络的标准技术 EtherCAT。从自成体系转向采用统一标准，这或许预示着一种新潮流的出现，即"日本制造业将大步迈向以工厂物联网化为代表的工业 4.0 时代"。

参考书目

《まるわかりインダストリー4.0　第 4 次産業革命》（《一本书让你搞懂工业 4.0 第四次工业革命》）日经商务编著，日经 BP 社。

该书围绕目前正逐步走向世界的工业 4.0 的动向，由经济领域和各个行业的专业记者通过实地采访取材撰写而成。该书针对商业人士，简明易懂地介绍了德国、美国、印度等国的先进事例。其重点不是工业 4.0 的实现技术本身，而是通过穿插关键人物的访谈文章，将讨论重点放在了工业 4.0 对于制造行业、组织论、工作方式等所带来的影响和冲击力上面。

2.2.6 5G——21 世纪 20 年代的通信技术，超越移动互联网的物联网应用设计（岩元直久）

（岩元直久 IT 记者、撰稿人）

在 21 世纪 20 年代，作为现行第四代技术（4G）下一代的第五代移动通信技术（5G）或将得到广泛应用。其数据传输速率为 10Gbps，平均吞吐量也将达到 100Mbps，但其特征不仅仅是速度快，

德国研发机构智慧工厂KL正在试验将多个企业的生产设备进行相互连接

由德国SAP与倍福自动化公司、德国史陶比尔技术系统机器人公司合作推出的现场演示：个性化设计钥匙扣的完全自动化生产（汉诺威博览会2016）

a)

工业4.0与IIC的合作正在推进(2016年3月两大阵营发表合作声明)

工业互联网联盟

创立企业：AT&T、GE、IBM、英特尔、思科系统（均为美国企业）

NEC、埃森哲、柯尼卡美能达、韩国三星电子、东芝、美国丰田汽车销售公司、日立制作所、中国华为、美国惠普企业公司(HPE)、富士电机、富士通、富士胶卷、美国微软、瑞萨电子、三菱电机等

工业4.0

ABB、德国BMW、DMG森精机、IBM、德国SAP、德国英飞凌科技、德国西门子、思科、德国戴姆勒、德国蒂森克虏伯、德国电信公司、德国邮政敦豪公司集团、德国通快、HPE、德国费斯托、德国大众、德国倍福自动化等

同时加入两大阵营的企业有：(ABB、HPE、IBM、思科、西门子、博世等)

b)

图2-20 推行工业4.0与工业互联网联盟（IIC）的主要企业

而且必须具备满足物联网应用的"低时延"和"大规模连接"性能。目前，相关的标准化工作正在紧锣密鼓地推进。

今天，我们手中的智能手机所使用的移动通信技术，是经历了好几代技术变迁之后，才发展到现在这个水平的。在采用模拟技术的第一代（1G）之后，在20世纪90年代，采用数字技术的第二代（2G）成为主流。之后，大概每10年就会出现一次技术迭代，新老交替发展至今。

目前预计在21世纪20年代，现行第四代技术（4G）LTE及LTE-Advanced的下一代，即第五代技术将得到普遍应用。5G指的是能够满足21世纪20年代各种移动通信应用要求的新一代移动通信技术（见图2-21）。

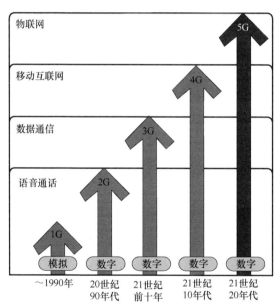

1G和2G是语音通话，从3G开始出现了数据通信，4G引入了真正的移动互联网应用。5G将从以往的人与人之间的通信，发展到可以满足机器及传感器等之间进行通信的物联网应用

图2-21　移动通信技术的更新换代与应用程序

1. 高速度、低时延、大规模连接

图 2-22 显示了 5G 的主要特征，其三大特征是高速度大容量、低时延、大规模连接。

2016年2月，西班牙巴塞罗那 Mobile World Congress 会场里的爱立信展厅(展示了该公司与NTT Docomo 共同研究的成果，即两台终端之间可实现总吞吐量最大值为25Gbps的通信)

一般认为，5G将具有"高速度大容量""低时延""大规模连接"这三大要素。它将超越以往的移动互联网的框架，其目标是为将来的物联网世界提供方便易用的网络性能及相关功能

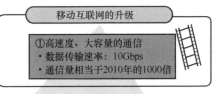

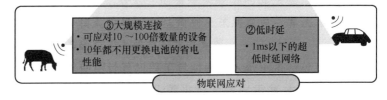

图 2-22　5G 的三大要素

其中，高速度和大容量是现行 4G 所使用移动宽带的延续。2016 年 5 月，日本出现了数据传输速率最大值为 375Mbps 的服务，但 5G 的数据传输速率是 10Gbps，平均吞吐量为 100Mbps，因此数据传输速率速度还将得到大幅度提升。

第二个特征低时延和第三个特征大规模连接，主要是为了满足物联网和 M2M$^{\ominus}$等用途的需要。低时延主要是自动驾驶汽车控制及机器的远程控制等所需的性能，5G 的目标是要将时延时间控制在 1ms 以内。

大规模连接是考虑到将来物联网传感器等设备大量连接到移动网络时所需要满足的条件。届时，可能需要将 10 ~ 100 倍于现在的通信设备进行同时连接，因此不但需要确保单位面积内的连接数量，还需要有减少设备耗电的节能措施及电池更换的便捷化技术，等等。

因此，5G 在高速度和大容量的同时，还需具有将来物联网应用所需的低时延、大规模连接性能。目前，相关的标准化作业刚刚开启。

2. 2020 年的商业应用为第一阶段

目前，相关方面以在 2020 年（即东京奥运会和残奥会举办之年）实现商用 5G 为目标，正在进行讨论和研究。3GPP（第三代合作伙伴计划）作为移动通信技术标准化组织，从 2015 年 9 月开始已经在进行有关 5G 标准化的讨论。据称，2019 年的世界无线电通信大会（WRC）将对 5G 所使用的频率波段进行划分，这样估计在 2020 年将会出现最早的商用 5G 服务。

但如前所述，5G 的相关技术性课题还有待突破。因此，我们最好不要试图一口气解决所有问题，而应该分阶段地去实施标准化和商业化。第一阶段是提供满足高速度、宽频带条件的商用 5G 服务，在第二阶段才来保证低时延和大规模连接。目前看来，采取这种发展路径的可能性较大。

⊖　M2M，全称为 Machine to Machine，是指数据从一台终端传送到另一台终端，也就是机器与机器的对话。——译者注

然而，物联网应用不可能因为等待5G的商用普及而停滞不前。因此，在商用普及尚未出现之前，主要为了满足设备大规模连接性能的技术研发也在加紧推进。例如将现行LTE朝着物联网应用方向加以改进的LTE-M和NB-IoT等，3GPP也正在推进这类移动通信技术的标准化作业。因此，作为5G到来之前的过渡解决方案，对现有移动网络进行物联网应对升级，这种路径或许将更早得到实现。

参考书目

《すべてわかる5G大全　あらゆる産業を支えるインフラに進化》（《5G大全——一项支撑所有产业发展的基础设施》），日经Communication/Telecom in side编著，日经BP社。

5G刚刚启动标准化作业，能够让人抓住其整体概念的书籍还不是很多。5G的发展重心是物联网，该书全面介绍了5G的定位、应用程序、技术及今后的发展路线图等，汇集了大量信息，对于考察今后5G的发展动向很有参考意义。

2.3　数字业务领域

2.3.1　数字化转型——数字化浪潮将改变竞争环境，为客户创造新价值才是王道（长部亨）

（长部亨　埃森哲数字咨询总部高级主管）

伴随着智能手机及传感器等设备的普及，数字化浪潮正在改变企业和组织机构所处的竞争环境。企业和组织机构必须学会运用数字技术来创造新产品、新服务及新型商业模式。要想实现此目标，经营者的理解和意识、投资决断以及组织机构和人才的数字业务优化改造必不可少。

今天，数字化浪潮正在改变企业和组织机构所处的竞争环境，其背景源于数字技术的飞速发展和升级。

人们日常使用的智能手机及安装在各种物品上的传感器，这些设备正在一刻不停地产生海量数据。企业或者组织机构运用数字技术创造出新产品、新服务及新型商业模式，以此为客户创造出新价值，我们称之为"数字化转型"。

1. 数字化转型"三部曲"

一般来讲，数字化转型可以分成三个阶段（见图 2-23）。

第一阶段是生产流程与销售渠道的数字化。前者主要是为了削减成本，后者则是为了提高销售额。通过生产流程的数字化改造，如果人均产能提升 1 倍，那么原来 10 个人的单位只需 5 个人就能够运转了。渠道数字化的目的在于提高单价和增加客户。例如，电商网站想方设法根据客户偏好进行商品或服务推荐，等等。

第二阶段是产品和服务的数字化。这就必须改变"好东西

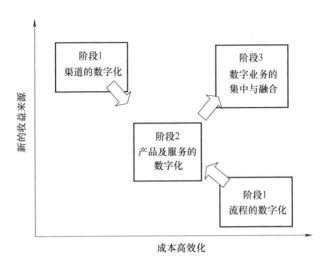

图2-23 数字化转型"三部曲"

不愁卖"的销售理念，逐渐转向"能为客户提供何种体验"这种新视角。换言之，即从物品销售转向体验和价值的销售。例如，米其林正在提供一种"轮胎服务"，它不再是简单地生产和销售轮胎，而是根据行驶里程向客户收取轮胎的租赁费用，即将原来的销售业务变为一种服务性业务。这种做法对于持有车辆的客户来讲，可以通过成本的变动成本化来实现车辆的成本优化。

第三阶段是数字业务的融合发展，即由各种各样的玩家携手合作提供新的服务。此类例子目前还比较少，德国农机具厂商克拉斯农机公司（CLAAS）所开创的365FarmNet即是其中一例，它是一种面向农户的服务。我们知道，农户需要的并不是农机具，而是稳定可期的收成。大型化工企业拜尔公司能够根据不同作物向客户建议施肥量及施肥时期等，于是，克拉斯公司便与拜尔进行跨行业合作。另外，大型保险公司安联集团（AllianzSE）也加入其中，为农户提供天气方面的保险服务。这样，这几家公司通过跨行业合作，为农户获取丰收提供了整体支持。

2. 经营者的主动意识不可或缺

企业和组织机构如何才能实现数字化转型呢？经营者对数字化的本质性理解和主动意识必不可少。一点点地积累小的成功，这种途径和方法也并非不可以，但是要想真正确立竞争优势，在某个时点进行大的投资也是很有必要的。当然，拍板做决策的是经营者。

因此，我们可以新设由一把手直管的数字化团队，对其负责人赋予使用人、财、物等经营资源的权限，使得他们可以用全新的思维去创造业务（见图 2-24）。在经营环境瞬息万变的今天，既懂数字技术又懂业务的人才，其重要性不言而喻。如果在短时间内难以培养，那么就有必要采取措施比如从外部雇佣等等。根据情况收购拥有相关技术的企业也是一招。

今后，所有各种业务都将转变为数字化业务。我想，也只有那些具备这种思想意识的企业才能长期保持竞争优势。

参考书目

《アップルを超える　イノベーションを起こすIoT 時代の「ものづくり」経営戦略》（《超越苹果——掀起创新高潮的物联网时代的"价值创造"经营战略》），中根滋著，幻冬社。

该书阐述了站在经营者的视角应该如何看待数字化、如何实施经营变革等问题，例如：企业怎样实现向"价值销售"的转型；日本难以出现创新，其原因并非人才的优劣问题，而是由经营者的管理能力所决定的，等等。

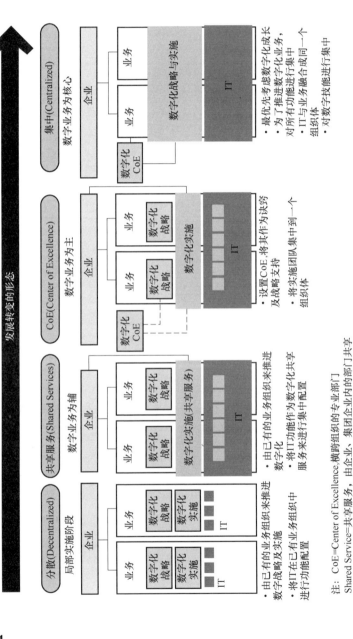

图 2-24 组织机构及相关专业部门职能的数字化转型

注：CoE=Center of Excellence，横跨组织的专业部门
Shared Service=共享服务，由企业、集团企业内的部门共享

分散(Decentralized)
局部实施阶段

- 由已有的业务组织来推进数字化战略及实施
- 将IT在已有业务组织中进行功能配置

共享服务(Shared Services)
数字业务为辅
数字化实施共享服务

- 由已有的业务组织来推进数字化共享服务
- 将IT功能作为数字化共享服务来进行集中配置

CoE(Center of Excellence)
数字业务为主

数字化实施

- 设置CoE，将其作为战略及战略支持
- 将实施团队集中到一个组织体

集中(Centralized)
数字业务为核心

数字化战略与实施

- 最优先考虑数字化成长
- 为了推进数字化业务，对所有功能进行集中
- IT与业务融合成同一个组织体
- 对数字技能进行集中

发展转变的形态

企业
业务
数字化战略
数字化实施
IT

数字化CoE

2.3.2 大数据——其特征为"高解析度""高频次""多样性和广泛性",按需经济将取代既有市场(铃木良介)

(铃木良介 野村综合研究所 ICT 媒体产业咨询部主任咨询师)

大数据并非因为它"大"就有用,而是其"高解析度""高频次""多样性和广泛性"的特性有助于企业开展业务。我们通过数据可以准确掌握需求状况及可供给资源,并可以利用分析技术将供需双方结合起来。随着"按需经济"的实现,新的服务将会逐步取代僵化呆板的既有市场。

今天,"大数据"这个词已经逐渐固定下来,并为人们所接受。当然,实际上全球的数据量仍在不断增大。之所以如此,其原因主要有三:一是世界上各种事物被数据化的程度越来越细;二是从时间上来讲,获取高频次、实时的数据已成为可能;三是数据化所涉对象的范围已变得极其广泛。这些数据具有高解析度、高频次、多样性和广泛性的特征,其结果就使得数据容量变得庞大无比。不过,从商业应用的角度来看,也并非容量庞大就有用处。事实上,数据所拥有的上述特征,才是对商业活动等真正有所帮助的东西(见图 2-25)。

所谓数据,其实就是各种事实情况的集合。为了了解它对于自己公司有何意义,我们需要对数据进行解释和分析,进而提取相关信息。其次,所谓从信息中获取的有用价值,就是它将为我们带来的一系列"行为变化"。通过客户的商品选择、业务员接待服务、甚至有时不是我们人类而是机器设备的"行为"所发生的变化,我们就能够获得销售额提升或成本削减等经济效用。

自从人们对大数据的关注度提高之后,与技术相关的各种关键词不断涌现。可以说,这些词语所表示的就是从数据到产生效用这

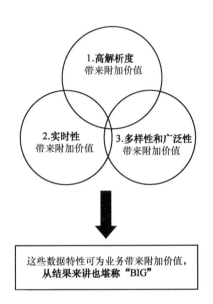

图 2-25 大数据的特征

一系列流程的实现方法（见表 2-3）。

　　大数据有何用处？ 数据越来越多，将数据用于增加经济效用的手段也在不断增加。那么，这些技术我们应该怎样利用呢？答案是"按需经济"。在需要的时候能够筹措到所需的"量"和"质"，即通过所谓"按需"的实现能够提高企业的竞争力，并创造出新的商业机会，并解决社会问题。

　　网络空间对按需的探索和实践开展得更早，已经搞了 10 余年。日本国内 5900 亿日元（约合 345 亿元人民币）的云服务市场，就是将服务器通过虚拟化技术进行捆绑，向用户提供可随时、任意使用的计算机资源。日本国内 9300 亿日元（约合 544 亿元人民币）的广告技术市场，就是因为实时实现了多元化属性的广告匹配而

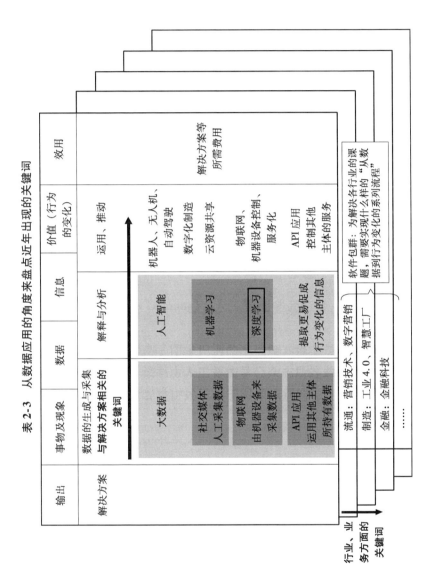

表 2-3　从数据应用的角度来盘点近年出现的关键词

输出	事物及现象	数据	信息	价值（行为的变化）	效用
解决方案	数据的生成与采集 与解决方案相关的关键词	解释与分析		运用、推动	解决方案等所需费用
	大数据	人工智能		机器人、无人机、自动驾驶 数字化制造 云资源共享	
	社交媒体 人工采集数据	机器学习			
	物联网 由机器设备来机器采集数据	深度学习		物联网、机器设备控制、服务化	
	API 应用 运用其他主体所持有数据	提取更易促成行为变化的信息		API 应用 控制其他主体的服务	

行业、业务方面的关键词

流通：营销技术、数字营销
制造：工业 4.0、智慧工厂
金融：金融科技
……

软件包群：为解决各行业的课题，需要实现什么样的"从数据到行为变化的系列流程"

急速扩大起来的。

对既有市场的取代使得这个扩大趋势还在不断延续。云服务是以服务器和系统集成市场为原始资本，而广告技术是以6万亿日元（约合3510亿元人民币）的广告市场为原始资本成长起来的。云服务实现了量的按需，广告技术实现了质的按需，正是它们取代了僵化呆板、缺乏灵活性的既有市场。

云服务和广告技术主要针对的是网络空间市场，但如果我们将目光转向物理空间，就会发现能够成为原始资本的"缺乏灵活性的既有市场"还有很多。单纯劳动、促销活动、工厂机器设备、物流、住宿设施等等，任何一项都拥有数十万亿日元的市场。然而这些资源是否是按需呢？"存在不足""尚有冗余""太慢了""不是我想要的"，等等，有没有这样的不满呢？如果存在不满，那么就说明通过按需来进行替代的可能性较大。

高解析度、高频次、多样性和广泛性，具备这些特征的大数据，使我们对需求状况及可供给资源的掌握更加精准。用于供需结合的分析技术也在不断进步。将来，只要物联网应用发展到位，那么就连对供给的控制也将无需借助人手，就能精确、实时地得到完成。

今天，想必大家已经被各种似是而非的专业术语搞得身心疲惫。尽管如此，我仍然建议各位从"自己公司如何才能成为按需"这个角度出发，认真研究一下应该如何利用相关技术。

参考书目

《データ活用仮説量産　フレームワークDIVA》（《运用数据进行假说的批量生产——DIVA框架体系》），铃木良介著，日经BP社。

作者用其独创的数据运用框架体系DIVA，对如何将数据转变为信息、如何创造价值、提高销售额产生效用等流程进行了梳理。作者强调，数据运用要想取得成功，以 DIVA 为基础提出大量的假说至关重要。

2.3.3　共享经济——闲置资产与利用者的有效结合，市场呈现爆炸式增长（尾原和启）

（尾原和启　Fringe81 株式会社执行官员）

共享经济，就是将个人资产中的未使用部分（即闲置资产）或个人闲暇时间，以互联网为媒介租借给那些有需求者。今天，智能手机的普及使得我们无论何时何地都可以轻松上网，由此配对成交的机会呈爆炸性增长。社交媒体对信用关系的担保对其普及也起到了推波助澜的作用。据预测，到 2025 年其市场规模将达到 36 万亿日元（约合 2 万亿元人民币）。

有一家企业，尽管其股票尚未上市，但其公司市值已达 6.7 万亿日元（约合 3900 亿元人民币）——它就是号称"共享经济之翘楚"的美国优步公司。通过优步这个平台，拥有私家车的司机，可以在空闲时把自己的车用作出租车去挣钱，而租用者一方也能够由此享受到比出租车更为廉价的用车服务。

1. 个人闲置资产的提供

共享经济的对象不仅仅限于私人汽车。将资产中的未使用部分（即闲置资产）或个人的闲暇时间拿出来，把它提供给对此有需求者（见图 2-26）。共享资产可以是供他人住宿的房间、可从事简单劳作的闲暇时间、愿意为别人做饭的人、愿意出借资金者的投资资金等。大多数都是个人与个人之间的直接交易服务，也有面向企业的服务，比如为了接大订单而开展中小型印刷厂之间的空闲时间交易等。

图 2-26　共享经济的形成机制

　　虽然形式各种各样，但不管哪种，都是对闲置资产状况进行数据化，然后以网络为媒介与利用者进行有效结合，从而使得利用者可以廉价使用，而提供者也能够降低持有风险。显然，这是一件两全其美的事情。因为是用智能手机作媒介，上网操作的时间和地点均不受限制，所以配对成交机会呈爆炸性增长，共享经济也由此风生水起（见表 2-4）。

表 2-4 共享服务举例

空间		
住宿设施	美国 Airbnb	将自己闲置不用的房子作为住宿设施租借给他人
停车场	美国 Luxe	停车场的共享。驾车者也可在任意地方下车，然后会有专人把车开到停车场场去
农地	AgriMedia	农户闲置农地的共享，也提供农具等
交通工具		
汽车	美国优步	在闲暇时，将自己的车当作出租车来使用
仅针对汽车	美国 ZipCar	以智能手机代替车钥匙来租借车辆，用完后可在任意地方返还
物品		
野外用器具	美国 Gear Commons	户外旅行用具的租借配对
伙食	美国 Feastly	愿意做饭者与希望享用者之间的配对
闲暇时间和技能		
职业技能	Crowdworks	翻译、设计等业务与求职者之间的配对
单纯劳动作业	美国 task rabbit	房间清扫等家政业务的配对
资金、资源		
融资	英国 zopa	愿意放贷者与借贷者之间的中介服务
印刷	Raksul	利用印刷厂业务淡季来实现廉价的印刷作业

  2013 年，全球共享经济的规模已达 1.65 万亿日元（约合 965亿元人民币）。据预测，2025 年将迅速增至 20 倍以上，达到 36.85万亿日元（约合 2.16 万亿元人民币）。这个数字与既有的租赁市场规模大致相当。

借助于通用型 IT 平台的全球性普及，共享经济实现了高速增长。优步成立后仅用 5 年半时间，就已覆盖了全球 70 个国家和地区的 416 个城市。据称，截至 2015 年 12 月，已有超过 10 亿人利用过优步的租车服务，而且每月还新增司机 5 万人。另外，它还将业务扩展到合乘巴士、代购物、行李运送等其他交通运输共享方面。考虑到它是一个跨国平台，其市值高达 6.7 万亿日元（约 3900 亿元人民币）也并不奇怪。

2. 信用担保带来成本降低和自由度增加

直接交易需要有信用担保，与智能手机一样，社交媒体的普及也对共享经济的确立做出了巨大贡献。与 Facebook 的合作确保了参与者的实名制和透明度，另外，各类服务都可以查看提供者和使用者的每一次评价信息，利用与否双方均可自由选择。最后，为了预防意外情况的发生，还完善了保险及理赔等相关制度。

不过，其发展也存在问题和挑战。尽管交通运输和住宿设施提供是共享经济的两大支柱市场，但由于利用者与提供者处于同一空间因而存在发生人身危险的可能性，还有，为了对既有产业进行规制或与其整合而需要与各国政府部门进行协调等，因而在业务扩展方面仍然存在诸多课题。

但是，参与者只要在共享经济平台上获得了信用，就可以出租自己房子，然后利用其收入来租借位于其他国家的房子，这样无需花费成本就能够获得居住的自由。还有比如高级轿车，在普通人之间是不太可能借来借去的，但是我们通过共享平台却可以轻松享用。也就是说，我们只需使用很低廉的成本就能享有更为丰富的选择。

由上可见，共享经济不仅为租借双方带来了经济上的好处，还为我们提供了丰富多彩的人生选择，使我们的生活更有情调和韵味。

参考书目

《零边际成本社会》，杰瑞米·里夫金著，St. Martin's Griffin。

本书对共享经济与物联网迭合时的经济转型作了淋漓尽致的描写，堪称是一本展望未来的蓝图读本。它还结合教育等方面的具体事例，向读者展示了今后经济和社会的变化趋势，因此是一本不可多得的好书。

2.3.4　金融科技——"千禧一代"所青睐的交易方式，新技术风投企业渐成主角（泷俊雄）

（泷俊雄　Money Forward 公司董事、FinTech 研究所所长）

智能手机的普及和大数据的应用，使得金融服务逐渐呈现出与以往不同的发展趋势。"金融科技"（FinTech）是由"金融"（Finance）与"技术"（Technology）两个词的词根合成的派生词，目前，其所受关注度正急速上升。擅长提供用户驱动服务的风投企业已成为市场主角，它们与大型金融机构的合作也在迅速推进。

今天，金融科技所涉及的范围已非常广泛，其中既有为融资贷款提供便利的服务，也有无需操作即可自动生成的全自动式家庭账本，其他还有采用人工智能技术、只需花很少手续费就能进行资产运用的机器人顾问、绑定银行卡的手机支付、凭指纹即可在自动取款机提现的身份识别技术、区块链数据保存等，涉及众多领域（见图 2-27）。

新型金融服务存在各种各样的提供形态，然而从用户角度来看，其价值变化之快简直令人目不暇接，其中，尤以风投企业因为能够顺应其发展速度而表现得极为抢眼和活跃。近年来，日本国内金融科技企业的融资金额呈快速增长，年均增速达 2.5 倍（见图 2-28）。

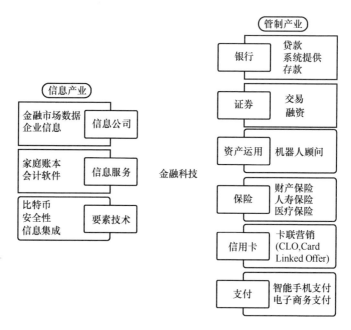

图 2-27　金融科技的分类

1. 高速增长的三大背景

金融科技服务的高速增长主要源于以下三大背景。

首先是研发成本的降低。就像面向软件研发者网站 GitHub 的源代码共享那样，对于以往研发者的成果和知识，通过提高其便利性及安全性的形式使得所有工程师都可以使用。另外，API（应用程序接口）使得各种服务之间的合作更为广泛，加之云服务器也在不断普及，由此新型服务的提供成本得以大幅度降低。

其次，普及成本也大为下降。今天，很多人都在使用智能手机，他们已习惯了免费下载或购买新的应用程序。如果某项服务确实优秀，那么凭借其在应用程序商店等地的口碑，几乎无需花费成本就可以获得众多用户。

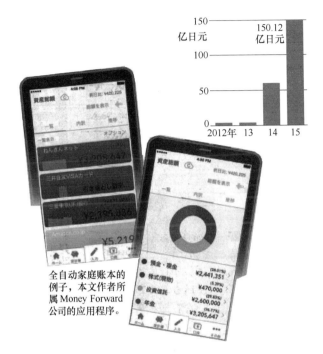

全自动家庭账本的例子，本文作者所属 Money Forward 公司的应用程序。

图 2-28　日本国内金融科技企业的融资统计

（资料来源：根据媒体发布及报道等的公开信息，由 Money Forward 公司制作。）

注：风投企业的股票融资统计数据。截至 2015 年 11 月 11 日的统计。

最后，很多用户即便下载了某个应用程序，但也可能马上把它删掉，这种残酷的竞争环境在客观上能够使服务品质得到锤炼。不被禁锢于某一家金融机构的服务中立性、低廉的交易成本（手续费）和直观易懂的形式，这些才是消费者真正需要的东西。与口碑网及价格比较网站一样，在金融服务领域，用户所需要的也是简洁明了的商品性和无需专业知识、明白易懂的便利性。

2. 成败取决于千禧一代

在美国，在 2000 年以后进入社会的这代人被称为"千禧一代"，目前，他们正处于 25 ~35 岁的年龄段。金融科技尤其受到这个群体的追捧。他们这代人，踏入社会即经历了较长的经济停滞期，与上一代人相比，其风险承受能力更低，也更崇尚节约之风。他们青睐的是以高效、具有多重可靠选项的金融科技服务为基础的金融交易，因此，当务之急是金融机构应当采取有针对性的应对措施。

在国外，金融机构与研发金融科技服务的风投企业，通过业务合作或者企业并购等手段，已实现在现有的基础设施平台上的新型金融服务体验。在日本也出现了同样的动向，何种业务协同模式更为有效正备受关注。由银行自身提供 API，而由外部风投企业等提供便利易用的服务，这种模式在日本也开始出现。

在日本，面向年轻人群和资产构筑阶层的各种金融科技服务正如雨后春笋般不断涌现。在经济成长战略中，政府对这些新的成长产业也在积极给予扶持。此外，为了使新技术在金融业得到有效利用，监管当局也正在对相关政策法规进行完善。

参考书目

《FinTech 入門》（《金融科技入门》），辻庸介，泷俊雄著，日经BP 社。

在金融科技领域，新兴企业不断诞生，以用户的使用便利性为第一要义的新型服务也不断涌现，而且它还正在悄悄改变金融服务这个概念本身。在该书中，金融科技的权威人物为我们进行了简明易懂的解释和阐述。

2.3.5 全渠道——"售出即可"已不再适用，跨渠道提供统一体验（奥谷孝司）

（奥谷孝司　Oisix 统合营销室室长、首席全渠道官）

对实体店及网店等各种销售渠道进行统一整合，这种动向在流通零售领域正方兴未艾。由此，消费者能够获得将网络与实体融会贯通的、统一的品牌体验。今天，商品选择的主导权已转移至消费者手中，企业必须贯穿"考虑→购买→使用与消费"这一全过程来加以应对。

"全渠道"——这个词在前几年还只是一个流行词。然而，随着以 7&I 控股股份有限公司为首的众多流通零售商大力企划、构建和实施全渠道战略，其概念轮廓及服务形态已然清晰地呈现在消费者面前。

那么，什么是"全渠道"呢？

通常，其定义如下："对实体店及网店等各种销售、流通渠道的统一整合，以及通过构建这种统一的销售渠道，来打造无论从哪个销售渠道都能同样买到商品的环境。"⊖

为了加深理解，首先我们有必要简单回顾一下：在过去，企业都提供了哪些用于连接客户与商品及服务的渠道？

1. 通过网络确认店铺存货

首先，单渠道与多渠道的区别在于处理商品及服务的渠道是一个还是多个（见图 2-29）。比如，一家实体店如果在网络上也开设了店铺，那么它就变成了多渠道。这样，它不但可以把商品卖给当地人，还能远销外地。

其次是跨渠道，它指的是消费者可以分别使用不同的渠道来购买商品或服务。比如，休息日去实体店、上班时间使用移动网店这类形式。只不过，在过去很多零售企业还无法实现跨渠道的、统一的客户管理。

有了全渠道之后，消费者就能够通过网络及实体店这种"一条

⊖ 摘自《IT 用語辞典バイナリ》（ウェブリオ運営、http://www.sophia-it.com/content/オムニチャネル）。

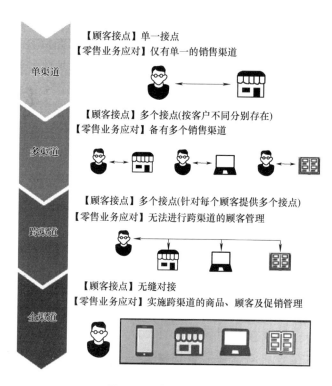

图 2-29 全渠道的定义

（资料来源：引用自 NRF Mobile Retail INITIATIVE,《Mobile Retailing Blueprint V2.0.0》，由笔者略加说明文字。）

龙式"的服务获得统一的品牌体验。例如，株式会社良品计划用"无印良品"这个品牌推出了一个手机应用程序 MUJI passport，顾客可以利用它来检索实体店的存货信息，确认有存货之后再去店里。另外，只要顾客在购物时出示该应用程序，良品计划就能够掌握顾客的购买历史记录，并把它用于商品推荐等。

2. 通过"顾客时间"保持连接点

一般来讲，消费者会通过各种渠道对服务和价格进行比较，然后选择自己满意的品牌、商品和店铺。笔者把消费者的行为按照时间轴列出了一个"顾客时间表"。根据这个时间轴我们可以发现，消费者基本上是按照"考虑→购买→使用和消费"这个流程在有效率地对各种渠道进行区分使用（见图 2-30）。

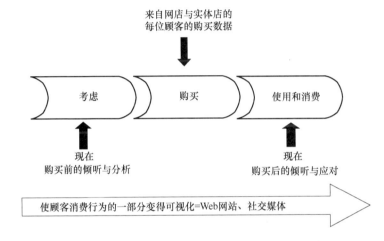

图 2-30　全渠道时代"顾客时间的重要性"

消费者在网上看到商品信息，经过考虑后去实体店购买，然后再在网络上进行评价，这样一来，"售出即可"这种做法就不再适用了。于是，我们就需要通过时间轴对全渠道的消费行为进行掌握，不仅是"从考虑到购买"的这个时段，还必须介入到"使用及消费"阶段。有些企业自身就在运营商品、评论网站及口碑网站。我们必须对在网络和实体店之间来回穿梭的消费者的动向加以关注，以使顾客需求变得可视化。

在"考虑"阶段，也必须在自己公司网站及社交媒体上，去捕捉和留意那些正在"考虑"的顾客。在网络上公开店铺存货信息便是其中的一个手段。如果我们不运用已掌握的客户数据去提高他们的满意度，那么他们将难以产生再次购买的强烈意愿。"我还想再买""我还想再去一次"——在设计旨在让消费者产生再次购买意愿的客户主导型"客户旅程"⊖时,全渠道战略不可或缺。

参考书目

《ビジネス&アカウンティングレビュー 16 号 「オムニチャネルの特性と消費者行動」》(商业与会计评论第 16 期《全渠道的特征与消费者行为》),关西学院大学山本昭二著,可免费下载。

这虽然是一篇全文仅 14 页的学术论文,但是内容非常集中,对全渠道概念及消费者行为进行了浅显易懂的阐述。读者可从下述网址自行下载: http://www.kwansei-ac.jp/iba/journals/

2.3.6 首席数字官(CDO)——颠覆性变革的引领者(神冈太郎)

(神冈太郎 一桥大学商学研究科教授)

首席数字官是企业数字应用方面的最高负责人,其总数近几年呈倍增态势。究其原因,是因为企业经营高层对于近年急速袭来的数字化洪流颇有危机感。首席数字官的使命是与其他经营高层携手合作,引领企业的数字化变革。

今天,各式各样的数字技术,对企业经营活动及社会发展带来了巨大的影响和冲击力。在此背景下,突然间变得备受瞩目的是负责数字应用实施的最高责任人 CDO(首席数字官)这个职位。CDO,即指首席数字官(Chief Digital Officer)或者首席数据官(Chief Data Officer)。如图 2-31 所示,它也属于企业的经营管理层,设立该职位的目的是希望它能在组织中发挥横向引领作用。

⊖ 客户旅程(customer journey),是指客户首次接触直至下单并享受产品或服务期间,与企业互动的全过程。——译注

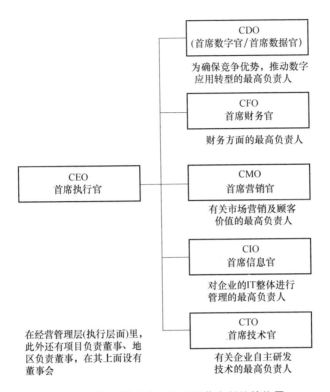

图 2-31　首席数字官在企业经营中所处的位置

1. 经营者的危机感

其实，首席数字官受到关注是最近几年的事情，如图 2-32 所示，近年其数量每年都在成倍增加。一般认为，其背景原因是企业经营高层普遍对于急速涌来的数字化洪流抱有危机感。然而，由于可胜任者严重不足，所以在企业高管人才市场，他们成了最为热门和抢手的目标。

这个职位尽管在日本听起来还比较陌生，但是从全球范围来看，从企业厂商、零售商、媒体到教育机构，在各种组织机构中均

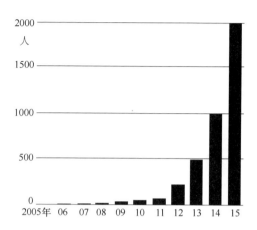

图 2-32 全球首席数字官的人数统计（2005—2015 年）

（注：根据 The CDO Club 的数据制作：http://www. emarketer. com/Article/Chief- Dig- ital- Officers- Continue- Global- Explosion/1012489）

有他们活跃的身影。表 2-5 列举了一些著名的首席数字官，从中也可看出，根据所在行业及企业的不同，他们所承担的任务也有较大区别。

表 2-5 活跃在企业及政府部门的首席数字官

	公司名称	姓 名	相 关 举 措
企业	美国星巴克	Adam Brotman	构建门店的 WiFi 及移动支付系统，打造数字内容产品及会员积分奖励计划等的使用环境
	法国雷诺	Patrick Hoffstetter	设立数字工厂这一组织平台。利用粉丝的社交媒体对销售用产品及顾客信息进行整合和利用，构建及利用内部 SNS，进行汽车信息化的推进等

（续）

	公司名称	姓　名	相关举措
企业	美国麦当劳	Atif Rafiq	根据顾客体验对门店及其他地方的数字技术进行设计，并负责在全球构建顾客变化快速应对机制
	美国通用电气	Bill Ruh	GE 数字化的目标是成为物联网引领者，作为公司负责人，其主要任务是综合人工智能、大数据及分析技术，为客户提供解决方案
	英国 Guardian News & Media	Tanya Cordrey	将以往各自分散的数字资产全部统一整合到 www. guardian. com 上面，实现全球化发展
公共机构、大学	美国白宫	Jason Goldman	推特原董事。为美国市民与白宫之间提供联系纽带，构筑了市民参与政府管理的平台
	美国哈佛大学	Perry Hewitt	负责数字战略的制定，构筑获得世界性好评的 Web 网站，开发相关应用程序，利用 Facebook 构建校友联系网络等

　　不过，大多数首席数字官在目标和方向上都具有两个共同特征：一个是在对技术动向和包括客户在内的环境变化等进行分析的基础上，在企业战略中嵌入数字战略；另一个是在此基础上引领企业的数字化转型。这种颠覆性的转型，不仅是将已有的生产流程和商业模式置换成数字化技术，而且还会对企业战略、组织结构方式、价值观等产生重大影响。改变员工的观念意识甚至文化等结构性改革也是有必要的。

2. 首席数字官与首席信息官的作用

　　首席数字官与首席信息官两者所发挥的作用很容易混淆，但就大方向而言，靠近业务领域的数字应用归首席数字官负责，对其提供支持的 IT 领域由首席信息官负责。通常情况下，首席信息官需要负责通过基础系统及基础设施等来实现组织机构内部的高效化、系统的稳定运行及安全性，为此已经忙得不可开交，因此很难再涉足首席数字官的工作，这也是现实情况。

所以，首席数字官要做的就是有利于业务增长，尤其是能为顾客创造价值的工作。即使有些风险，但为了企业成长也必须对数字技术加以积极运用，以此来增加企业的竞争力，这是组织对他们的期望。这就需要他们能够灵活应对周围环境变化及其变化速度，及时采取敏捷的措施和办法。首席信息官可以兼顾首席数字官的作用，但一般认为，碰到这种情况时，首席信息官必须先将自己以往所负责的领域缩小或者委托他人。

另外，在数字化转型过程中，客户价值备受重视，同时营销也渐趋数字化，这就使得首席数字官和首席营销官的关系也备受争论。另外还有首席技术官，其作用是统领企业的自主技术研发。如果是研发主导型企业，那么首席技术官和首席数字官就可能会走得很近。

也有人认为，首席数字官是数字化突飞猛进的当今时代所特有的产物。假如在企业经营活动等所有地方，数字技术已经能够自然而然地被嵌入进去，那么首席数字官也就没有存在的必要了。换言之，即首席数字官最重要的使命，就是通过转型变革让企业达到不再需要首席数字官这种状态。

参考书目

Leading Digital：Turning Technology into Business Transformation（《领先的数字化：由技术向商务转型》），George Westerman，Didier Bonnet，Andrew McAfee，Harvard Business School Pr.。

该书强调，企业等组织机构要想通过数字化来加强竞争力，就必须具备运用数字技术去改变商业的能力和引领组织转型的能力。在书中，作者结合相关事例介绍了许多有关首席数字官及首席执行官的内容。

2.3.7　匿名化处理信息——将个人信息转变为匿名信息，不经本人同意也可提供给第三方（中崎尚）

（中崎尚　安德森·毛利·友常法律事务所律师）

对于个人信息数据的商业利用而言，匿名化处理堪称"王牌利器"。尽管日本的新个人信息保护法已将"匿名化处理信息"制度化，但是现阶段仍然存在实际使用时运用标准不明确等问题。

2015 年，日本政府公布了《重新修订个人信息保护法》。为了使个人数据得到积极利用，该法引入了"匿名化处理信息"这一概念。

就个人信息而言，如果在取得信息时已经获得了允许，那么取得方就可以在被允许范围内对其进行运用，比如把它提供给第三方等。然而，有时候虽然事先没有得到允许，但经常会碰到以下情况：比如在意想不到之处又发现了数据的用途，或者在数据采集时尚未想到的利用方法又显现了出来，等等。所谓匿名化处理信息，就是为了在这种时候不至于根据信息就能确定到个人而对信息进行的加工处理。有了它之后，即使没有取得相关方的允许，那些非特定目的的一般性利用，以及针对其他第三方的信息提供等利用方式也将成为可能。

1. Suica 事件成为引爆点

2013 年夏季，JR（日本铁道）东日本公司曾将 IC 卡 Suica 的乘客上下车信息在删除姓名等项目后提供给第三方，但是因为仍然存在着根据乘车记录确定出乘客个人的可能性，所以这件事最终演变成了一个社会问题。以此为引发点，相关方面进行了大量的国内外案例调查和技术性讨论，最后得出结论：仅删除姓名等项目还不能算是充分的匿名化处理。

另一方面，"到底什么样的匿名化数据才能作为非个人信息数据来使用呢？希望能有一个明确规定。"——那些打算将数据运用于商业活动的经济界人士的这种呼声越来越强烈。之后，才有了相关部门对《个人信息保护法》的修订。

虽然《修订个人信息保护法》已经被公布，但是距离全面实施还有一段时间（见图2-33）。在这期间，个人信息保护委员会需要通过《委员会规则》制定共同的原则性规定，再由行业团体（政府认定的个人信息保护团体）及各企业据此规定制定出自律性的规章制度。共同的原则性规定，估计也就仅限于"删除能够识别出特定个人的项目"这类一般性内容。

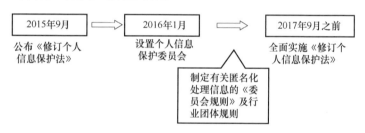

图 2-33 今后个人信息保护法逐步走向全面实施的时间表

2. 禁止对相关项目进行反向确认

一般认为，在匿名化处理时，使用"k-匿名化"方法就可以满足这些条件（见图2-34）。例如，即便从个人信息中删除了"姓名"，但如果还保留着所驾驶车辆为"×市的法拉利××"等信息的话，那么也存在确定出个人的可能性。其实，这也是Suica乘车卡问题的症结所在。在这种情况下，我们就需要对其进行如下处理：即具有相同特征的记录必须保持在k条以上；如果有不足k条的记录就要把它删掉，或者对有可能导致确定出个人的信息进行抽象化处理。

其次，在把这种匿名化处理信息提供给第三方时，提供方有义

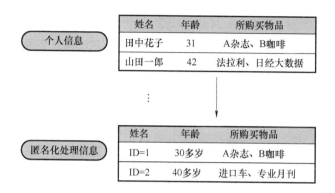

图 2-34　对个人信息进行匿名化处理的例子

（注：但并不表示这就是修订法律全面实施时的有效处理方法）

务公布"其中所含个人信息的项目""提供方法"等（见图 2-35）。另外，提供方企业所属的行业团体等，将来还会根据个人信息保护委员会所颁布的处理标准来制定出指导原则，并把它提供给相关企业。

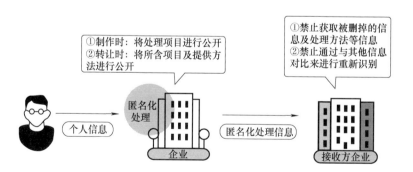

图 2-35　制作和接收匿名化处理信息时所需要承担的义务

最后，匿名化处理信息的接收企业，不得去获取已被删掉的数据及处理方法等信息。此外，像将匿名化信息与其他信息进行对比这种信息解密行为也是被禁止的。

将匿名化信息在不征得本人同意的情况下提供给第三方，这种制度从全世界来看也不多见。如果运用得当，那么将有可能开发出很多创新服务。对于希望从事此类业务的企业和单位来讲，有必要在实际运用条件的明确化及匿名处理标准制定等方面多做研究。

参考书目

『一門一答　平成27年改正個人情報保護法（一門一答）シリーズ』（一问一答　平成27年（2015年）修订个人信息保护法（一问一答系列）），瓜生和久著，商事法务出版。

该书作者为修订个人信息保护法立法的具体实施者。作者针对每条条文规定，结合法规内容和修订目的等，逐一进行了说明。可以想见，关于修订法今后将会有更多书籍出版发行，但我们认为，该书是了解和从事个人数据运用的首选读物，极力推荐大家阅读。

2.3.8 数据区块链——比特币的底层技术，篡改反而"受损"（日经大数据编辑部）

数据区块链是电子货币的底层技术，它通过用户之间的相互监督来确保其可靠性。一般的电子交易都会有一个组织单位在对交易主配置进行管理，但数据区块链的特点在于：结构分散化使得其数据不易被篡改。

数据区块链是一种新型应用模式，其概念恰如其名，即在每个不同的区块上分别记录着交易信息，然后把这些区块连接成链状来加以管理。其特征是，对于制作可获取报酬的新区块，它引入了竞争原理：即需要回答极其难解的问题，只有答对者才能够获得制作新区块的权利。由于这有点类似于挖掘稀有金矿，因此也有人称之为"挖矿"。

当然，通过篡改各个区块上所记录信息来进行不正当交易，这种事情也并非不可能。但是因为各个区块上都写有交易记录，所以必须与挖矿一样解答新的问题并重新制作区块。

因为挖掘者一般都使用高速计算机来延伸链条，所以那些图谋不轨的挖矿者篡改信息所需的计算量也非常庞大。也就是说，其设计机制本身就是正规参与者更能获得好处。

早期，它被认为是一项面向比特币交易风投企业的技术，然而在 2015 年夏季之后情况发生了变化。2015 年 9 月，三菱日联金融集团、美国花旗集团、德意志银行等日、美、欧的大型银行，纷纷加入由区块链技术风投企业美国 R3 公司所主导的联盟组织，开始了对相关技术及法规的共同研究。

同年 12 月，日本银行也发表了一篇名为《数字货币的特征及其国际性讨论》的报告，并在其中花了很大篇幅来介绍区块链，其他类似研究还有很多。可见，区块链研究也吸引了众多巨头银行的参与，作为一项支撑金融科技发展的技术，它正备受关注和追捧。

参考书目

『ブロックチェーンの衝撃 ~ ビットコイン、FinTech からIoTまで社会構造を覆す破壊の技術 ~』（《区块链的冲击——从比特币、金融科技到物联网，颠覆社会结构的破坏性技术》），比特币银行株式会社 & 《区块链的冲击》编辑委员会，日经 BP 社。

区块链不仅在金融领域，在其他领域也渐受关注。本书是介绍其技术、运用方法、相关法规等的入门书籍。书中收录了该技术应用领域包括经济学家野口悠纪雄在内一共 15 名专家所撰写的文章。

2.3.9 新版"日本重振战略"——2020 年名义 GDP600 万亿日元，大数据、物联网、人工智能被寄予厚望 (日经大数据编辑部)

日本新成长战略的目标是到 2020 年名义 GDP（即国内生产总值）要达到 600 万亿日元。大数据、物联网、人工智能、机器人等技术的应用正备受关注和重视。相关方案已由日本政府在 2016 年 4 月 19 日召开的第 26 届产业竞争力会议上进行了公开，并于同年 6 月获内阁决议通过。

日本政府最近出台了一个《官民战略项目 10》（暂定名），其目的是为了进一步拓展市场，以实现 2020 年名义 GDP 达 600 万亿日元（约合人民币 35 万亿元）的目标。该计划内容的第一项即是"第四次工业革命"，具体而言，即为了在 2020 年实现高速公路上的汽车自动驾驶、即时定制生产、智慧工厂、金融科技、无人机配送、跨企业和组织机构的数据应用平台创建、共享经济、网络安全等项目，必须积极推进各个领域的基础设施完善和制度规则改革。

数据应用平台方面，在智慧工厂、自动行驶地图、产业安保、物联网、健康医疗等日本的优势领域，要跨企业跨组织地构建能够对生产一线数据进行共享及利用的通用型系统。

据预测，第四次工业革命所创造的附加价值将高达 30 万亿日元（约合人民币 1.75 万亿元）。

文部科学省提出，"要实现由第四次工业革命所带来的经济增长，当务之急是需要培养具备信息运用能力、富有创造性的人才"，并为此出台了一项"未来社会人工智能、物联网、大数据等的引领人才培养综合项目"。今后将积极推进理化学研究所 AIP 中心[⊖]的顶级人才培养，以及加强对数理、信息相关学科及研究生院的建设等。此外，还在中小学将编程学习设置为必修课，以"培养信息应用能力及完善教育环境"。

另外，国土交通省也提出了开展"生产效率革命"的口号，将积极推行以数据分析为基础的交通拥堵疏解、土木工程的无人机测量、ICT 工程机械施工等，以尽早实现 IT 技术的全流程应用。

参考书目

『名目 GDP 600 兆円に向けた成長戦略（次期「日本再興戦略」）【案】』（以名义 GDP 达到 600 万亿日元为目标的成长战略（新一期"日本重振战略"）方案），日本首相官邸公开资料，可免费获取。

这是第 26 届产业竞争力会议上发给与会者的资料，相关部门已将该资料与会议讲义等一起采用 PDF 形式进行了公开。读者可从下述网址下载：http://www. kantei. go. jp/jp/singi/keizaisaisei/skkkaigi/dai26/siryou. html

---

⊖　作为 AIP（"人工智能/大数据、物联网/网络安全综合项目"的简称）研发基地设立的"创新智能统合研究中心"。——译者注

第 3 章

在不久的将来，人工智能将取代
人类的工作

正如谷歌的"阿尔法狗"战胜人类棋手震惊世界那样，人工智能正以前所未有的速度在不断地发展和升级。未来，人工智能将抢走人类的"饭碗"？还是对人类的工作提供支持和帮助？抑或只是承担人类所无法完成的工作？

——让我们看看相关专家的调查与分析，同时也了解和学习一下那些技术领先企业的尝试性举措，以此来预测人工智能的未来走向。

3.1　日本劳动人口的 49% 或被人工智能"抢走饭碗"（岸浩稔）

（岸浩稔　野村综合研究所 ICT 及媒体产业咨询部主任咨询师）

人工智能是否会夺走人类的工作？伴随着技术的不断发展，此类争论日趋激烈。为此，野村综合研究所与英国牛津大学开展了一项共同研究。专家们经过测算后认为，日本国内的 601 种职业均存在被人工智能取代的可能。另外，根据其结果，我们也可以得知：哪些是被取代可能性较高的职业，什么样的工作是将来需要人类来承担的工作。

几年前，野村综合研究所与英国牛津大学的迈克尔 A·奥斯本副教授及卡尔·贝内迪克特·弗瑞博士开展了一项共同研究，针对日本国内的 601 种职业，对其将来被人工智能及机器人取代的概率进行了测算。

其结果显示，从技术上来讲，日本劳动人口的大约 49% 将有可能被人工智能及机器人取代。

图 3-1 所示是以部分职业为研究对象的分布图，纵轴是计算机化概率，横轴显示的是就业人数。从中可以看出，事务性工作是被计算机化概率较高的职业。由于从事此类职业的人数很多，所以这类业务的自动化发展所带来的社会影响将非常巨大。

图 3-2 的横坐标是平均年收入。由图可见，即便是年收入水平较高的职业，即那些专业性和复杂程度都较高的工作，也存在被计算机逐步取代的可能性。

承担律师和记者的工作

目前，运用人工智能的业务自动化趋势已经开始出现。比如律师业务需要分析和处理大量信息，他们很多时候都在对电子邮件等

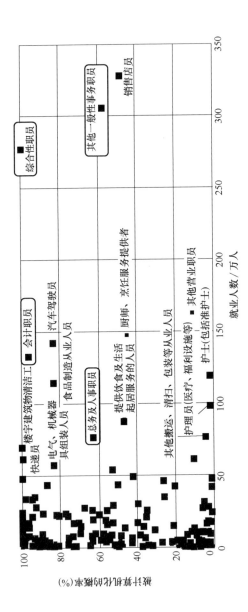

图 3-1　各种职业的计算机化概率及就业人数分布图

（资料来源：NRI 与英国牛津大学迈尔·奥斯本副教授及卡尔·贝内迪克特·弗瑞博士的共同研究（2015 年））

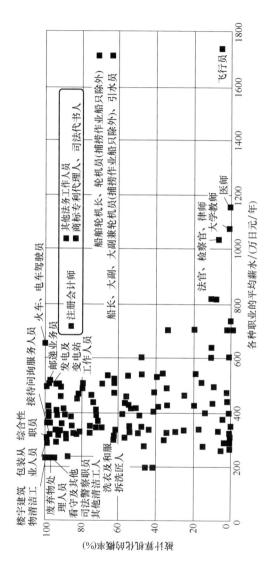

图 3-2　各种职业的计算机化概率及平均年薪分布图

注：平均年薪由 NRI 根据厚生劳动省《工资结构基本统计调查》推算得出。

（资料来源：NRI 与英国牛津大学迈克尔·奥斯本副教授及卡尔·贝内迪克特·弗瑞博士的共同研究（2015 年））

进行分析，以此来推断出那些异常的、不正当的交易模式及暗号隐语等。搜寻证据的工作很大部分都用在邮件分析上面，不过目前已经出现了这样的例子：比如以前需要 40 个助手承担的业务，现在只需要邮件解析系统和 3 名职员就可以完成了。

从复杂庞大的数据里面提取所需信息并进行分析和思考，这类需要高智商的业务也在逐步实现自动化。例如，我们常常看到这样的报道，在采用人工智能自动撰写新闻稿件的地方，人工智能的错误率已经比人类还少，目前已经发展到了这样的阶段。

到目前为止，在对人类来讲比较容易操作的、低附加价值的业务当中，对机器而言也比较容易处理的业务已逐渐实现自动化。今后，伴随着数据获取量及计算能力的提升、与图像及语音识别技术及机器人工学的融合发展，那些对人类及对机器来讲都很难处理的业务，其自动化也将得到加速发展。

既然这样，那么将来仍然需要人类承担的工作将是什么样的呢？研究者指出，人工智能及机器人难以取代的职业，其特征主要有三点：创造性、协调性和非固定性。

需要创造性的是艺术、历史和考古学、哲学与神学等职业，它们需要具备对抽象性概念进行整理及创造的知识和技能；协调性指的是需要与他人进行协调或交涉、需要对他人进行理解或说服、需要具有服务意识的职业；另外，非固定性，指的是其操作难以归纳入标准流程、较为复杂的、需要随机应变灵活应对、需要根据具体情况进行判断的职业。

英国巴克莱银行正在实施一项名为"数字鹰"的教育培训计划，其目的是要让旗下 12000 名银行职员在柜台面向顾客推行数字化服务。尤其是针对老年人，需要引导他们去利用成本效率更好的业务渠道（ATM、手机银行及网络银行），为此就需要将柜台、手机银行及网络银行的使用方法向他们进行一对一的说明。

　　这就需要银行职员本人必须对数字技术抱有好感，然后还要满怀热情地去推动客户接触和利用这些数字化服务。由此，该公司对人才的要求标准，也正从"能够正确处理业务"逐渐转变为"拥有高 EQ（情商）、能与客户进行良好的沟通和交流"。

　　由上可见，人工智能和机器人等技术正在对机器与人类各自的作用和功能进行重新定义。今后，技术进步将何去何从，什么样的社会才算是丰富多彩的社会？衷心希望本项研究有助于大家去思考这些问题。

3.2 三越伊势丹：人工智能推动业务成长，数字化打造 "现场力"

不断挑战新型购物体验，对店员的偏好也进行人工智能化。三越伊势丹已开始尝试运用人工智能等数字技术来增强"现场力"。他们认为数据将成为未来商业的主战场，上述举措的目的则是为了创造新的购物体验。为此，包括引入智能手机 App、3D 打印机等，该公司正在接连不断地开展数字技术应用试验。

三越伊势丹下属公司伊势丹新宿本店的目标是要把自己打造成"全球最好的时尚博物馆"，其销售额号称全球百货店之最（2015年为 2724.65 亿日元，约合人民币 159 亿元）。从 2015 年 9 月开始，公司以这里为舞台进行了一系列前所未有的尝试，即运用人工智能技术的待客服务。目前，这在全球百货店也尚无先例。

伊势丹新宿本店男装馆，这里是追求时尚、讲究品位的男士们经常光顾的地方。2015 年年末，在该馆的二层和六层，手持平板电脑的店员正在接待一位中老年男性顾客。

"田中太郎（化名）先生，这是安装有人工智能的时装应用程序。屏幕上显示了一些商品，请点选您喜欢的试试。"

田中从 20 件商品中点选了几个。于是，不到一秒钟的时间，平板上又显示出了新的商品。这是对田中的喜好进行了学习的人工智能为他挑选的推荐商品。它们是从男装馆二层、六层及七层所陈列的，而且同时也是三越伊势丹电商网站所销售的一共大概 800 种商品中选出的。

这时，男装馆的店员随即说道："田中先生，人工智能为您提供了根据您的喜好选出的商品。怎么样？有没有想试穿一下的？上下翻动画面，您还可以看到其他推荐商品哦。"

看见田中对人工智能所推荐的商品甚感满意，店员又说道："人工智能还可以跨品牌为您提供商品的搭配建议。您要不要看一下？"田中点了点头，于是大概一秒钟之后，平板终端的屏幕上出现了3个搭配方案。之后，还显示了反映5名三越伊势丹采购人员各自偏好的、由人工智能推荐的搭配方案。

田中告诉店员："这个搭配不错，我想试穿一下。""好的，我去确认一下是否有货。"店员说完后便去了后面的仓库。

1. 把人工智能"带回家"

田中试穿了衣服，但最终并没有购买。尽管这样，也可以看出他对这种从未有过的体验感到很满意。其实，田中是通过媒体得知在男装馆有人工智能接待服务，觉得很有意思，然后通过预约来到店里的。

就在田中将要离开的时候，店员对他建议说："田中先生，已经对您的喜好进行过学习的人工智能，您不想把它带回去吗？您只需要输入电子邮件地址就可以了。今后只要您使用它来选购商品，人工智能就会不断地对您的喜好进行学习。将来，这个人工智能就能够从我们公司电商网站的商品中为您推荐符合您喜好的商品和商品搭配。"

这是一个安装有人工智能的应用程序。只要输入电子邮件地址，顾客不久就会收到人工智能应用程序 SENSY × ISETAN MEN'S 的通知邮件。将该应用程序下载之后，在店外随时随地都可以使用它，还能通过商品选择令其学习自己的喜好。

而且，还可以采用更为灵活的使用方法。比如在家里收到了人工智能推荐的商品或商品搭配之后，如果有自己喜欢的东西就可以与三越伊势丹联系，让他们提前准备出来。然后，顾客到店就可以试穿，能够节省不少时间。

2. 为客户提供新型购物体验

实施这次试验的负责人，是伊势丹新宿本店绅士及体育营业部计划主管冈田洋一。他说："我们希望运用人工智能为客户提供新型的购物体验。不过，一直到 3 月份为止，我们对它的定位还只是尝试性试验。目前还没指望它能带来多少销售额。我们认为，持续不断地进行这类尝试是非常重要的。"

从 2015 年 11 月 25 日到 12 月 31 日实施了第二轮试验。平日每天大约 20 人、周末每天大概有 20 至 30 人体验了这种人工智能待客服务。第一轮尝试是当年 9 月 16 日至 28 日在男装馆一层、以大约 60 种商品为对象实施的，其目的是为了让客户首先知道有这么个人工智能。那次试验大概每周有 100 人参与了体验。

在第二轮试验中，对象商品增加至大约 800 种，主要针对在男装馆二层、六层和七层所售商品中、在电商网站也有经营的休闲装，向顾客提供跨品牌及跨楼层的商品搭配推荐。

2015 年 12 月 11 日，公司对外发布了 SENSY × ISETAN MEN'S 应用程序。由此，消费者在实体店之外也可以利用人工智能了。购物也不仅限于商店内，还可以通过电商网站来进行，与第一轮相比有了升级和发展。

在 2016 年 2 月 17 日至 3 月 31 日实施的第三轮尝试性试验，则是与男性时尚生活方式杂志《UOMO》（集英社）的合作。利用对模特及编辑们的偏好进行过学习的人工智能来提出商品及商品搭配的建议。与此同时，还尝试把它与三越伊势丹店员手中的人工智能叠加起来进行商品推荐。

"我们的目标是对象商品的数量要超过前次（第二轮），同时，着重突出了鞋子。有些人希望穿得像知名艺人或体育明星那样，我们也可以满足他们的要求。"冈田如是说。将来倘若能够扩大到三越伊势丹经营的所有商品，那么将有可能创造出前所未有的、魅力十足的商品搭配。

"男装馆从地下一层到地上八层共有九层，能够跨楼层进行商品搭配推荐的店员可以说几乎为零。但是，我们运用人工智能则可以做到这点。2016 年度以后，我们希望运用之前试验所积累的经验对相关技术加以改进，为扩大销售做出贡献。"冈田的语气中充满了自信。

3. 对人的偏好进行学习的人工智能

三越伊势丹所使用的人工智能，是由 Colorful Board. INC 公司[⊖]研发的 SENSY。该公司的首席执行官渡边祐树本身就是一位人工智能科学家，同时还持有注册会计师资格证。对于可以学习人的偏好的人工智能，他是这样解释的：

"每个商品图像上面的颜色、形状、花形图案等图像数据，还有从商品说明文本上读取的商品类别（比如衬衫或者鞋子等）及尺寸、价格、性能等，首先需要对这些加起来多达几十万种的特征进行提取，然后再分析其品味（偏好）并进行数据化。顾客选择了平板终端所显示商品中自己心仪的东西之后，被选中商品中所包含的共性数据就会被提取出来，这些数据就是'对偏好进行学习的人工智能'。之后，再从商品数据库里面提取出与'对偏好进行学习的人工智能'数据相近的商品，并把它推荐给顾客。"如图 3-3 和图 3-4 所示。

据称，SENSY 不同于一般的推荐引擎，它还能做到"让机器去满足顾客的细微感受"。例如，一般的推荐会把某件夹克衫先简单定义成是正装还是休闲装，然后再进行推荐。然而 SENSY 却有自己的特点，对于同一件夹克衫，它可以在考虑顾客细微感受及偏好的

⊖　公司位于东京都涩谷区。

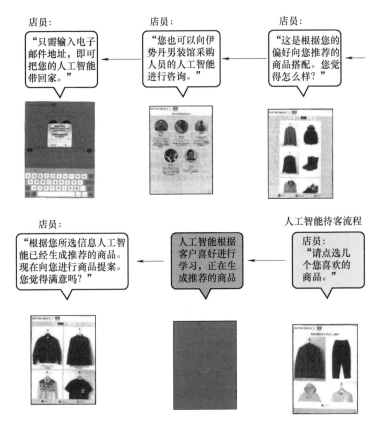

顾客只需点选一下心仪的商品，人工智能就可以进行学习，
并选出符合顾客偏好的商品或提出商品搭配建议

图 3-3　人工智能待客流程

基础上进行推荐，比如"这件夹克衫对 A 来讲太过休闲""对 B 来讲，这个休闲程度正好适合于在休息日穿着""对 C 来讲，正好是适合于在办公室穿着的正装感觉"……

顺便介绍一下，2014 年 11 月，Colorful Board 把 SENSY 作为时尚人工智能应用程序进行了公开发布。目前，该平台所收录的商品

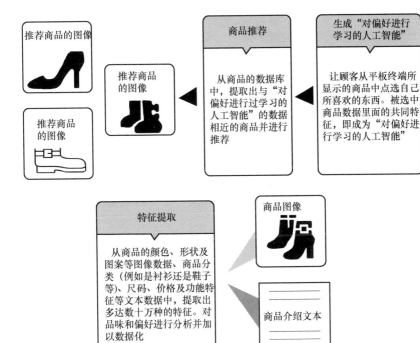

图 3-4　可以对人的偏好进行学习的人工智能

信息已覆盖全球 2500 多个品牌，它从这些品牌的商品中为客户挑选出符合其偏好的商品搭配。顾客有了看中的商品之后，它还会向顾客介绍附近的店铺。

表 3-1 为三越伊势丹数字战略的主要措施。

表 3-1　三越伊势丹数字战略的主要措施

时　　间	内　　容
2015 年 4 月 10 日	伊势丹新宿本店 Apple Watch at Isetan Shinjuku 开幕
2015 年 4 月 29 日	伊势丹新宿本店开始运营智能手机应用程序 "ISETAN 导航"（刚开始时设置了大约 560 个信标，目前已增至大约 620 个）

（续）

时　间	内　容
2015 年 7 月 9 日	参与将时尚与技术相连接的全球性活动 DECODED FASHION
	举办 THE ISETAN CHALLENGE 大赛，面向全球企业征集优质服务及产品。最终采用数字技术的"镜子"（memomi）获得大奖。能够制作无缝衣服的 3D 打印机 ELECTROLOOM 获第二名
2015 年 8 月 26 日 ~ 9 月 8 日	三越伊势丹集团旗下各店铺为顾客提供融合数字与时尚的生活方式提案
	对使用可穿戴终端设备店员的待客行为进行分析
2015 年 8 月 26 日 ~ 9 月 1 日	在伊势丹新宿本店本馆展示 memomi 和 ELECTROLOOM
2015 年 9 月 16 日 ~ 28 日	伊势丹新宿本店本馆和男装馆开启百货店之先河，开始实施对用户偏好进行学习的人工智能 SENSY 的实证试验
2015 年 11 月 25 日 ~ 12 月 31 日	伊势丹新宿本店男装馆开展利用 SENSY 接待客人的第二轮实证试验。为客户提供符合其偏好的商品搭配方案
2016 年 2 月 17 日 ~ 3 月 31 日	伊势丹新宿本店男装馆利用 SENSY 接待客人的第三轮实证试验 ※从 3 月份开始，在伊势丹新宿本店、三越日本桥店、三越银座店也在实施
2016 年春季开始	三越伊势丹与 CCC（Culture Convenience Club Company, Limited）合作成立新的营销公司
	在三越伊势丹的日本国内百货店子公司可以使用 Tpoint 卡
	三越伊势丹与 CCC 开展共同研究，企划和研发包括生活方式建议型商业设施等在内的新业务
2016 年度 4 月 ~ 9 月	奢侈品电商网站正式启动

其实，三越伊势丹之所以决定引入 SENSY，原因之一是在 2015 年初夏渡边首席执行官与一位人士的相遇。那人就是目前担任三越伊势丹控股信息战略本部 IT 战略部 IT 战略负责人的北川龙也。

北川曾在 NGO（非政府组织）及咨询公司等地方工作，并且创建过电商风投企业，2013 年进入三越伊势丹工作。之后，先后负责三越伊势丹控股的网络事业部及新业务研发的工作，2015 年接受该公司大西洋总经理的任命，开始为该公司描绘数字化变革蓝图。为实现该蓝图，他推动实施了很多项目，一步一个台阶地走到了今天。

4. 不断推出的数字化措施

2015 年，包括人工智能待客服务在内，三越伊势丹进行了各种数字化实践。4 月 10 日，伊势丹新宿本店启动了 Apple Watch at Isetan Shinjuku 活动。公司希望通过运用苹果可穿戴腕表，将时尚与最尖端技术相结合，为顾客提供具有新价值的提案。

同月 29 日，伊势丹新宿本店男装馆开始运行智能手机应用程序"ISETAN 导航"。将目标品牌及商品、设施等用地图的形式清晰地传达给客户，并为客户提供店内导航服务。同时还向顾客发送各楼层的推荐信息及开展邮戳收集等活动。刚开始时在本馆和男装馆设置了大约 560 个导航用信标（beacon），目前其数量已增至大约620 个。

三越伊势丹相关负责人介绍说。"我们正在分阶段地推出各种服务，这些服务所针对的需求是连顾客本身都不曾意识到的，ISETAN 导航上的伊势丹特色礼品推荐活动也收到了很好的反响。顾客纷纷表示：'逛店的乐趣增加了很多''可以了解到一周的主要活动及促销信息等，非常方便'。"今后，公司还考虑开展与"MI 卡"（一种只限在发卡机构内部使用的信用卡）的合作以及将这些服务引入其他门店等。

2015 年 7 月 9 日，公司参加了将时尚与技术相连接的全球性活动"DECODED FASHION"。其中，三越伊势丹举办了名为"THE ISETAN CHALLENGE"的大奖赛，面向全球企业募集在时尚及技术领域的优质服务及商品并决出优胜者。最终，获得大奖的是一款运用数字技术的镜子"memomi"。它可以让顾客从周围 360°确认衣服试穿的样子。还可以对多件衣服的试穿效果进行对比，并且还能改变衣服的颜色。也许，过不了不久我们就能在店铺里体验到这项服务。

第二名是用于制作无缝衣服的 3D 打印机 "ELECTROLOOM"。它将含有涤纶和棉的液体像喷雾那样喷在纸板上，以此制作出没有拼缝的衣服，这为我们展示了一种 "未来的制衣方式"。8 月 26 日至 9 月 1 日，伊势丹新宿本店本馆二层将该设备与 "memomi" 一起进行了展示。

而且，大西总经理和北川一起作为发言人出席了 "DECODED FASHION" 活动。大西总经理表示：早晚实体店会减少一半，减少的那一半将变成数字业务；目前，电商仅占三越伊势丹集团整体销售额的大约 1%，今后希望将这个比例提升至 10%，然后再提至 15%～20%；虽然东京的店铺越来越重要，但是在其他地方的店铺，由于人员减少，因此必须大幅度地提升效率。他一方面强调了百货店生存环境极为残酷的现实，另一方面也表达了希望通过数字化变革增强实体店活力及提升电商比例的强烈愿望。

日本综合研究所调查部宏观经济研究中心主任研究员小方尚子，是对消费趋势及流通行业极为熟悉的专家。她就百货店的现状分析认为："得益于访日外国游客的增加及中国游客的'爆买'，2014 年开始百货店的整体销售额终于出现了增长趋势，但是得到实惠的都是东京及大阪、名古屋、广岛、仙台、福冈等大城市的店铺。地方上（中等规模城市）并没有得到增长。如何让他们也能够恢复增长态势，还需要摸索和研究。"

就三越伊势丹来讲，据说，以三越银座店为首，其他还有日本桥本店及伊势丹新宿本店的旗舰店等享受到了外国游客增加所带来的实惠，但是地方上的店铺却并非如此。小方指出："百货店对于初次购买高档商品的新顾客来讲是很合适的地方。比如成人仪式上穿着的盛装及在婚礼上所穿的衣服等，顾客一般都会毫不犹豫地去百货店购买。但是，它却无法满足对某些品牌或者商品类别极为熟悉的所谓'生产型消费者'⊖的需求。访日外国游客虽然暂时也是高档商品的新手，然而随着时间的推移，他们早晚会弃百货店而去。所以百货店需要重新考虑自己的商品对策，例如采购独具特色的商品等。"

5. 40 亿日元的数字化收益

大西总经理提出的目标是"2018 年度营业利润要达到 500 亿日元（约合人民币 29.09 亿元）。"要让店铺保持魅力并能够持续吸引顾客，相关的装修改造费用必不可少。因此营业利润必须要达到 500 亿日元才行。为此，就必须在今后三年使营业利润增加 170 亿日元（约合人民币 9.89 亿元）。

企划和研发三越伊势丹的独家特色商品，不断增加那种尽管有卖剩之虞但效益较好的"全品收购"模式，这些努力都是为了完成上述目标。这几年，公司还以强化"现场力"为口号，采取了多种措施来提高店员的"完售力"（将商品全部卖出的能力）。

图 3-5 是三越伊势丹数字化变革示意图。

为缩短营业时间，公司将营业开始时间从 10 点推迟到 10 点 30 分，另外还设置了固定休息日等，这些都是为了让店员在上班时间可以全身心地投入销售工作。而且还在研究今后是否进一步缩短营业时间。此外，公司还在考虑如何改进薪酬体系，给销售能力出色的店员加薪等。

人工智能待客系统的尝试，其动机也是为了增强店铺的"现场力"。把人工智能等数字技术能够完成的工作交给机器和系统去做，

⊖ 生产型消费者是著名的经济学家比尔·奎恩（Bill Quain）博士在《生产消费者力量》提出的一个概念。它是由 Producer（生产者）和 Consumer（消费者）组成的复合词，意指一种生产者即消费者，或消费者即生产者的现象。——译者注

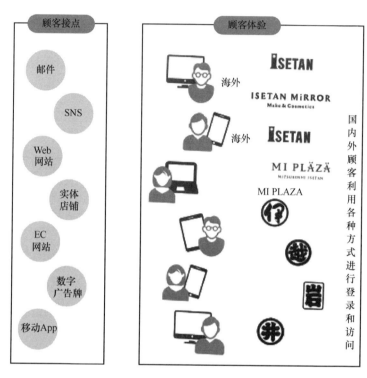

图 3-5　三越伊势丹数字化变革示意图

以此减轻店员的负担。这样，店员就可以把腾出来的时间和精力，用于加强与顾客的沟通和联系，比如说多给顾客写信，等等。

2018 年度利润增长目标 170 亿日元（与 2015 年相比）当中的 40 亿～60 亿日元，计划通过数字化技术应用来完成。另一方面，在顾客数据库等系统构建、柜台的数字化改造、新业务创造等数字化战略方面，计划从 2016 年度开始三年内要投入 90 亿～110 亿日元（根据 2016 年 3 月期第二季度决算说明会资料）。

作为数字应用项目的引领者，北川正在一面频繁地与公司内外相关人士进行沟通和协调，一面绞尽脑汁分阶段地推动这些项目的实施。

北川说："我们的目标是2018年度电商销售额要达到300亿日元（约合人民币17.46亿元），但是我希望能够做得更好。2016年度前半期我们将建成奢侈品电商网站，其目的就是为了提高电商的销售额。我们希望将来不分电商和实体店，能够跨渠道为客户提供轻松、随意的购物接点和购物机会。为此我和大西总经理每天都在反复讨论和研究。"

奢侈品电商网站，其目的是向客户提供以往电商所不能提供的、具有三越伊势丹独特魅力的商品。"以店铺为中心的购物体验，独家特色商品的提供，我们希望以此对线下与线上进行融合。"北川干劲十足地说道。

6. "数字化将成为商业主战场"

该公司还在酝酿引入能够准确测量人体厚实程度的3D扫描技术。究其原因，北村解释说："我认为，今后数字化将成为商业的主战场。"

这项技术有什么好处呢？"现在，将顾客偏好及购物数据、商品数据进行简单匹配的技术已不新鲜，但是如果我们能够再加进去身体的数据，那么我们就可以马上为顾客挑选出不仅满足其喜好，而且完全符合其体型的商品。"北川说。

更进一步，"有了身体数据之后，一两秒钟即可制作出衬衫的纸型。然后，将纸型数据发送至3D打印机，就能够打印出衣服的款式设计样，紧接着进行面料裁剪，之后将其一缝合就OK了。如果这种做法得到普及，那么也许我们就用不着在货架上摆放那么多的成衣了。"北川将自己对数字技术未来的预测娓娓道来。另外，将来还要把身体尺寸的数据运用到电商订单上面。

那么，人工智能接待服务试验的意义何在呢？北川对此做出了明确回答。

　　"目前，仅靠店员的模拟（感性）待客服务还很难做到尽善尽美，那些做不到的地方我们就利用人工智能来完成。如果所有的东西都被数据化了，那么我们就可以通过数字技术应用来提供超越模拟服务的推荐方案。只不过，在最后，也算是我们公司的矜持和自信吧，在数字化推荐之后，还要通过店员与顾客的对话交流来推动一下，我想，这样更能让顾客获得其真正所需的东西吧。"

　　图 3-6 所示为数字化管理平台，它能够向客户提供一条龙的体验服务。通过对各项功能进行无缝连接及协同运作，可以构建对顾客而言是最优化的沟通及关联体系，从而借助于统一整合的顾客信息向每位顾客提供最优化的商品和服务。

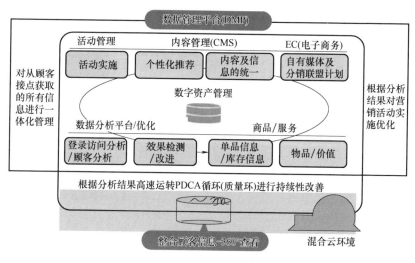

图 3-6　数字化管理平台

注：本图由编者根据该公司所提供资料制作

7. 个性化是提高收益的关键

　　三越伊势丹希望通过数字化变革创造效益，什么要素最为关键呢？北川回答说是个性化。

"有了个性化处理之后，我们就能清楚每个人的需求，这样对需求的预测精度就会得到飞跃性提升，具体的购买方式也会发生变化。只是有一点，因为不再容易出现爆发性流行的东西，所以提供超出顾客预期的新方案这种能力将变得极为重要。"北川说。

在三越伊势丹的数字化变革实践中还有一位不可或缺的人物，那就是三越伊势丹控股信息战略本部 IT 战略部部长小山彻。小山表示说："我们追求的不是对以往做法的简单延续，而是对顾客来讲真正有价值的待客服务，这点能否做到非常关键。为此，就需要对顾客信息进行一体化管理，店铺及网页、数字广告标牌、电商网站、MI 卡、（合作单位的）Tpoint 卡、手机应用程序等，所有的顾客接点都必须连接成一个整体。而且，还要把所有这些东西放在云端。目前，为了实现这个目标我们每天都在不停地奔波和努力。"

"例如，拿 ISETAN 导航来讲，虽然现在上面还没有记载顾客的姓名，但是以后我们会写进去。这样，当顾客走近数字广告标牌时，系统就会觉察到其需求然后将适合于该顾客的信息显示出来。最终是要实现数字广告标牌与 ISETAN 导航的连接。"小山解释说。

系统平台堪称三越伊势丹集团经营活动的根基，2014 年 4 月，小山一手接过该系统平台的构建和运用工作，出任拥有 400 名员工的三越伊势丹系统解决方案公司的一把手。从 2016 年 4 月开始任现职。在加入三越伊势丹以前，他曾在制药企业及日本 IBM 等公司从事与 IT 相关的工作。小山也是最近才加入三越伊势丹的，并且凭借传统百货店员工所不具备的新式思维而成为"大西改革"的得力干将，这点与北川如出一辙。

"三越伊势丹拥有 350 年的历史，不过也正因为这个，要提供摆脱传统窠臼的待客服务极为困难。然而，整天泡在数字设备中的三四十岁的年轻人，与 50 岁以上的中老年人，其接待方法是不一样的。另外，我们所考虑的并非像送货上门入户销售那种'单打独斗'，而是公司作为一个整体应该如何去接待顾客。"小山向我们叙述了其对未来的展望。

2016 年 5 月 25 日之后，在三越伊势丹集团的各个百货店，都可以使用 CCC（Culture Convenience Club）的 Tpoint 卡参与消费积分活动。Tpoint 所拥有的 5500 万会员这个资源非常有诱惑力。4 月，公司与 CCC 合作成立了营销公司。据称，他们正在研究各种有关数字营销的计划和方案。

综上可见，三越伊势丹对人工智能待客服务寄予了厚望，希望它能为公司带来效益。作为其数字化变革的先锋，强化"现场力"的相关措施能否取得成功令人关注。

专家点评

数字化改革本身就是一场经营改革

2016年4月，在日经大数据主办的"2016年春季大数据会议"活动上，三越伊势丹控股公司信息战略本部IT战略部IT战略主管负责人北川龙也就百货店商业中IT应用的定位及现状，以及他们公司在2015年11月提出的"数字战略"，进行了介绍和说明。

"对于三越伊势丹控股而言，数字化改革本身就是一场经营改革。"这是北川对于该公司IT应用的定位。

伴随着经济的发展，百货店行业也获得了巨大成长。在经济增长期，各个店铺充分发挥自己的独特个性，通过实施自己店铺价值最大化的措施使得顾客数量及效益均得到了增长。但那是在以店铺为单位的纵向条块化组织体制下，不断完善商品种类及推进业务流程部分优化的结果。

"一直以来，来源于经营管理层的成功经验和感悟，以及员工头脑中的顾客理解这类模拟或者叫感性资产是我们最大的优势。"北川说。然而，随着消费者偏好"萝卜白菜各有所爱"这种多元化趋势的发展，在智能手机普及使得新的顾客连接点及支付手段不断涌现的今天，这些模拟资产反而变成了弱势和累赘。

为了摆脱这种状况，2015年11月，公司提出了新的战略方针，即"以数字技术作为经营活动的根基，将所有业务和措施从数字化视角出发进行探讨和重塑。"

该战略的要点是"将网络与实体店进行融合，将店铺、商品、服务及宣传内容等相互连接起来，以此创造出新的价值、顾客及业务。"其数字战略核心的三大支柱分别是：①强化百货店的电商销售（即线上与线下的融合）；②数字与服务及MD（商品企划采购）的融合；③新业务的创造。目前，传统业务与新业务的销售额比例为9:1，将来的目标是要提升新业务的比例，使其达到6:4。为了使这一系列数字战略得到顺利实施，该公司正在酝酿引进新的信息系统。（撰稿人：吉川和宏）

3.3　Forum Engineering：智能手机解决业务难题，沃森助力实现"三不"业务

"请派遣一名设计发动机气缸的工程师。"——企业的人事负责人只需对着智能手机提出要求，就会马上得到系统的回答："符合该要求的技术人员共有 50 人。"有了人工智能之后，如此便利的服务也许在 2018 年 4 月就可以实现。

Forum Engineering 公司[○]是一家从事技术人员派遣的公司，在行业中排名第三。目前，他们正在研发一项新型的人才介绍服务系统。该公司的派遣机制是，首先将各类技术人员雇佣为正式员工，然后再根据客户企业人事负责人的要求向其派遣合适的技术人员。

按照"人才派遣法"的相关规定，该公司既有负责征询技术人员要求的协调员，也有听取客户企业人事负责人条件要求的业务员，二者通过商量来决定被派遣技术人员与客户企业之间的匹配问题。

不过，这种人工促成的匹配对接也存在一些问题。"比如不能充分理解技术人员或者客户的要求，或者因为受协调员或者业务员自身认识水平的影响而使得意思出现偏差等，由此引起错配的现象时有发生。"竹内政博董事说。

于是，2016 年 4 月，该公司开始采用日本 IBM 的统计分析软件"SPSS"，利用它来计算匹配分数。并且，还运用日本 IBM 的沃森技术，通过会话方式列出匹配分数的依据。图 3-7 所示是 Forum Engineering 公司业务员所使用的界面，目前该软件只限公司内部使用，还没有对外公开。

○　公司地址位于东京都港区。

仅供公司内部使用的
软件相关界面，上面
记载着技术人员与客
户企业之间的匹配分
数(指数)及评分根据

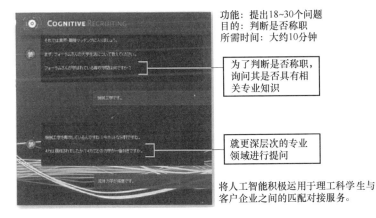

功能：提出18~30个问题
目的：判断是否称职
所需时间：大约10分钟

为了判断是否称职，
询问其是否具有相
关专业知识

就更深层次的专业
领域进行提问

将人工智能积极运用于理工科学生与
客户企业之间的匹配对接服务。

图 3-7　Forum Engineering 公司业务员所使用的 SPSS 界面

Forum Engineering 公司十分重视这项运用 SPSS 及沃森的人才派
遣业务，将其定位为"认知填充项目"。

1. 工作简历也成为分析对象

对匹配分数的计算一般分两个阶段来进行。一是以该公司过去
成交的大约 15000 件匹配数据为基础，从里面导出关联规则（同步
性或者相关性较强事物的组合），将根据规则计算出的分数再运用
逻辑回归分析赋予置信度，由此计算出匹配分数。分析时所运用的
数据主要是行业及业务类别、主要技能这些基本项目。

然后再进一步，从工作简历等自由文本数据里面运用自然语言

115

处理进行关键词提取。从这些项目的关联度出发对分数进行加分，以此计算出综合匹配分数。

在进行关键词分析的时候，Forum Engineering 公司使用的是该公司自主研发的"树形结构化"辞典。比如，公司收到客户提出的"需要发动机气缸的设计人员"这一请求后，即使不会一点不差地提取发动机气缸的设计人才，也能找出胜任这类工作的技术人员。据说，这也是因为运用了树形结构化辞典才得以实现的。

它的操作机制是这样的。针对"气缸"的上位概念"发动机"的构成要素，比如"活塞""曲轴"等关键词，以及下位概念的构成要素比如"锻造技术"或者"热力学"等相关关键词，如果有技术人员拥有这类技能或者工作经历，那么就认为他具有从事气缸工作的可能性而对其进行加分。

2. 应用程序向业务员发出指示

该公司的问题回答系统是通过沃森的 API "自然语言分类器"⊖及 "对话"⊖功能来实现的。

从 2016 年 4 月份开始，营业员及协调员不时收到应用程序发来的详细指示，他们需要按照这些指示向客户企业和技术人员询问必要的信息，然后再输入应用程序界面。据说到 2018 年 4 月，就将能够实现文章开篇所描述的情景，即客户只需要对着智能手机或者平板终端说出所需技术人员的条件，系统就会自动答复符合这类要求的技术人员有多少人。这样就不再需要营业员的介入了。

Forum Engineering 公司的目的在于，通过应用 SPSS 和沃森等技术，在保持协调员和营业员现有规模不变的条件下增加销售额和利

⊖　Natural Language Classifier，对文本文章进行分类。

⊖　Dialog，根据事先定义好的规则，对与用户的对话进行掌控。

润，以此提高企业的经营效率。客户企业的人事负责人只需对着智能手机提出要求，公司就能够派出最合适的技术人员。如果这种机制得到实现，那么距离其最终目标的实现也就为时不远了。

　　竹内董事最后总结说："一直以来，我们公司所追求的目标，就是希望营业员针对客户企业能够做到'三不'，即不上门、不见面、不交谈。通过 ICT 技术应用很快就实现了'不上门'和'不见面'，但是'不交谈'这点却一直难有进展。现在，沃森的日语版本让我们终于看到了希望。"

3.4 GULLIVER INTERNATIONAL 公司：以二手车价格预测为发端，全力研发人工智能应用

目前，专门经营二手车买卖的大型企业 GULLIVER INTERNA-TIONAL 公司正在积极开拓人工智能技术应用业务。它正与 5 家人工智能解决方案研发企业开展合作，共同开发二手车买卖价格预测及车辆图像识别等技术。而且，它还对人工智能、大数据及物联网的应用体制进行探讨和重塑，并新设了一个数据应用专业团队。

GULLIVER INTERNATIONAL 公司正在积极推进人工智能应用，其中一项是运用人工智能的二手车价格预测系统。目前，该系统已被用于个人二手车交易的手机应用程序"Kurumajiro"。

该应用程序（其界面见图 3-8）从 2015 年 9 月开始启用。它主要起到一个平台的作用：首先对二手车的交易价格信息进行有效学习，然后向买卖双方提供合适的参考价格。

针对卖家，系统在对厂家、车型、车辆等级、款式年份、型号、行驶里程等进行有效学习的基础上，提出一个综合考虑这些因素的预测价格。这样，卖家就可以以此为参考对自己的二手车进行标价和出售。系统以这种方式来为买卖双方成交提供支持（见图 3-9）。具体来讲，就是利用人工智能从以往的数据中找出规律：看什么要素对价格有影响，然后再对要素进行加权计算。

对卖家来讲，"希望他们不至于因标价太便宜而吃亏，或因标价太高卖不出去，最终能得到满意的结果。"新业务开发室荻田有佑说。

系统面向买家提供的服务是：将商品检索结果与人工智能计算出的市场价格进行比较，并按价格由低到高的顺序排列出来。这样，对于自己所看中的车，买家就能够判断其报价是否合适。

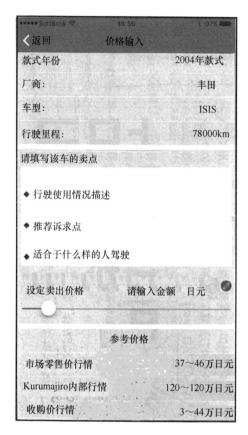

图 3-8　**Kurumajiro 应用程序的界面**

　　这个价格测算系统是通过 API（应用程序接口）来提供的，从技术上来讲，也可以用于公司内外的其他服务。

　　而且，今后该公司还打算将人工智能应用到二手车的供需判断方面。届时，预测时需要参考的就不仅仅是二手车交易数据，还要参考日经平均指数等经济参数、钢铁市场行情等商品指数、区域特征及海外特定地区需求等因素。

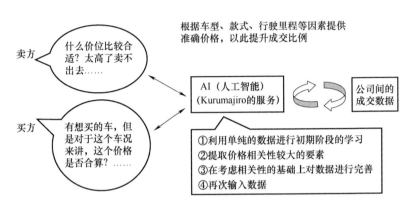

图3-9 GULLIVER INTERNATIONAL 的目标（利用人工智能对买卖
双方的价格进行预测，以此提高二手车的撮合成交比例）

新设数据部门

GULLIVER INTERNATIONAL 之所以进军个人二手车交易市场，
其背景除了希望实现效益来源多元化之外，还有实现人工智能预测
精细化的目的。

"我们并不太关心过去的二手车收购及销售情况，而是希望从
消费者之间的交易数据中能够得到一些启发。"新业务开发室室长
北岛升说。

他们将人工智能、大数据及物联网的应用机制进行了全面探讨
和重塑。2015 年 11 月，在经营企划部门内部设置了数据应用专门
团队"3D Room"。目前，该团队的 8 名成员正与新业务开发室等部
门携手合作，共同致力于人工智能及大数据应用服务的研发。同
时，他们还与 IT 部门及 Web 小组等紧密配合，正在举全公司之力
推行人工智能应用。

3.5　终有一天，机器人将成为我们的上司（亦贺忠明）

（亦贺忠明　高德纳日本调查部门 IT 基础设施与安全 副总裁兼杰出分析师）

"机器人老板"（Robot Boss）——安装有人工智能的机器人当上了老板。这看起来像是科幻片，但是几年后却真的有可能变成现实。为了迎接在不久的将来机器人老板时代的到来，我们有必要从企业及社会的角度开展具有现实意义的讨论。

"到 2018 年，将有 300 万劳动者会被置身于机器人老板的管理之下——"

机器人老板，就是所谓的人工智能[⊖]上司。本文开篇的预测，其实是高德纳公司 IT 部门及用户的未来展望总结报告《高德纳预测 2016》中所发表的内容。也就是说，过不了多久，对员工的业绩评估及工作安排等，很有可能就不再是由人类，而是由机器人老板来进行了。

即使具备与人类同等智能的人工智能还不会出现，但是凭借现有的计算机技术，机器人老板在一定程度上也是能够得到实现的。

未雨绸缪，迎接"机器人老板时代"的到来

其实，员工的业绩评估，现在已经有很多都是通过数据来进行判断的。今后，用大数据来捕捉商业行为，或者通过自然语言分析来对输入计算机中的文字进行分析等，这类事情也将变得轻而易举。因此，我们不难想象，现在由作为人类的经理人来进行分析和判断的评估方法，在某种程度上换成由机器人老板来执行是完全可

⊖　人工智能，在高德纳公司被称为"智能机器"。

能的。

伴随着技术的进步，这种由机器人老板发号施令的社会，今后一定会到来的吧。可是，这样的社会也不是随随便便说来就来的。首先，在这之前，还需要由企业的首席信息官对采用机器人老板的可行性进行研究，并判断是否有必要引入。在实现之前，还需要 IT 部门与人事部门等进行共同探讨，对自己公司"老板"的作用是什么做出明确定义。

另一方面，说起拥有机器人老板作上司的劳动者将有 300 万人，这个数字听起来很庞大，但是你想想，这是全球劳动人口中的 300 万人，因此这只能算是极小的一部分吧。另外，真正由机器人老板充当经理人的，估计还是在那些遵循美式商业习惯、分工明确的地区占多数吧。

在商业习惯区别较大的日本，很难想象机器人老板会马上普及起来。可是，如果在全球范围内机器人老板的采用得到迅速推进，那么在日本大家都争相引进的可能性还是存在的。因此，为了到时候不至于慌忙应对，提前对机器人老板的到来进行富有前瞻性的社会讨论也是很有必要的。

机器人老板时代的到来，并非仅仅对在机器人老板手下工作的劳动者有影响，经理人也有被机器人老板"抢走饭碗"的风险，就连肩负着股东利益最大化这个明确使命的企业经营者，其作用将来也有可能被机器人老板取代。

将来，我们需要接受计算机的评估，我们的工作岗位也将被计算机顶替，无疑这是非常"令人恐怖的"世界观。然而，对新的世界观持"欢迎"态度也很有必要吧。与主观性较强、无法准确地评估及作出指示的人类上司相比，也许机器人老板才是最为理想的上司。另外，我们也不妨这么想：将定量评估交给机器人老板去执行之后，由人类充当的经理人不就可以去做那些更为人性化的管理工作吗？

　　"机器人老板时代"早晚会来，它与我们每一个劳动者息息相关，因此还是未雨绸缪早做筹划为好。

　　图 3-10 所示是高德纳公司对 2020 年大多数非固定型职业者职业经历的预估。

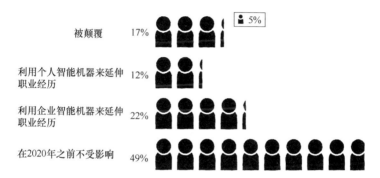

被颠覆　　17%　　👤 5%

利用个人智能机器来延伸
职业经历　　12%

利用企业智能机器来延伸
职业经历　　22%

在2020年之前不受影响　　49%

图 3-10　高德纳公司对 2020 年大多数非固定型职业者职业经历的预估

（资料来源：高德纳公司）

3.6 阿龙·哈勒维：用瑞可利的独特数据，打造与谷歌不一样的世界

2015 年 11 月，阿龙·哈勒维决定出任瑞可利人工智能研究所常务董事。他刚上任不久，我们即通过采访询问了他的抱负及相关想法。他认为，瑞可利拥有独特的、高品质的数据，因此完全有可能开展与谷歌比肩的研究。（采访者：多田和市）

受访者简介：

阿龙·哈勒维（Alon Halevy）：瑞可利人工智能研究所（RIT, Recruit Institute of Technology）常务董事、计算机科学家、创业家、教育家，1993 年获得美国斯坦福大学计算机科学系博士学位，从 1999 年起任华盛顿大学计算机科学系教授。作为美国谷歌的高级研究科学家，曾负责结构化数据等数据管理领域的研究，并参与了 Google Fusion Tables 等项目的研发。

多田和市：前不久，您刚刚就任瑞可利人工智能研究所常务董事。请谈谈您接受这个任职邀请的原因。

阿龙·哈勒维：我认为，对我来讲，在瑞可利工作是一个很难得的机会，因为这可以在很多方面为世界带来影响和冲击力。瑞可利本身具有非常鲜明的文化，而且一直在提倡创新，是一家充满了创业家精神的公司。它给我的印象是，在公司内部大家能够畅所欲言和坦诚交流。

并且，它是一家积累了很多数据的企业，与美国谷歌或者 Facebook 等相比也毫不逊色。而且，它所收集的都是些非常独特的数据。

我想，今后它将成长为什么样的企业，它将如何运用数据，对于考虑和实现这两点来讲，目前是一个很好的时机。我们可以在目

前的基础上，通过进一步扩容去开展数据运用。我想，是以上这些因素促使我下决心加入瑞可利的吧。

1. 瑞可利的多元化数据

多田和市：有没有您以前在谷歌公司未能完成，而在瑞可利有可能实现的事情？

阿龙·哈勒维：一言以蔽之，谷歌与瑞可利所拥有的数据并不一样。谷歌终归是一家网络公司。它拥有好几个类似安卓的平台，向用户提供云服务。当然，谷歌在大数据方面拥有非常宏大的愿景，在数据规模方面也一直走在前列。

与之相比，瑞可利长期以来所积累的数据更具有多样性（例如人生大事及日常生活等方面）。我想，它能够打造与谷歌不一样的世界。

多田和市：您是何时开始知道瑞可利这家公司的，何时发现它拥有独特数据的？

阿龙·哈勒维：瑞可利这家公司，我是在与猎头公司接触之后才知道的。后来，我自己也做了一些调查和了解。我有一些日本朋友，我也向他们进行了打听。每当我一说出瑞可利这个名字，从他们的表情反应也可以看出，这是一家做事很严谨、很受尊敬的企业。

瑞可利拥有品质独特的数据，这点我是在 2015 年 4 月来日本听他们做过几次演讲后才有所了解的。它的企业文化及所提供的服务，以及它所积累的数据，的确非常独特和有意思。

多田和市：您认为作为 RIT 一把手的使命是什么？您希望做些什么具体事情？

阿龙·哈勒维：我认为，不管怎么说，大数据的一部分就是人工智能，所以能在瑞可利工作，令我感到非常兴奋和激动。

当然并不是说仅有大数据就能有所成就。我想，必须要综合考虑各种因素才能获得成功。数据管理、数据集成、机器学习、视觉图像、分析，等等，这些东西运用不好，大数据也将难以得到有效利用。

因此，需要将拥有各种技能的人才汇集起来组成团队，这是公司赋予我的使命之一。然后，面对目前所积累的这些数据，我们如何才能找出其中的价值，这也是需要去考虑的事情。

当然，需要解决的课题也有很多。仅有数据是不会产生价值的，如何去创造价值是今后需要思考的课题。

至于今后的打算，虽然到这里刚几天，但我也开始在考虑和酝酿各种点子和构想。公司积累的数据具有多样性，尤其与我们日常生活及生活方式相关的数据很齐全。我希望能够利用这些多元化数据去开发一些新的服务。

我认为重要的是，首先需要确立一个愿景，即利用这些数据去干什么，然后思考为实现这个愿景应该如何去运用人工智能。

从系统整体来看，就成果产出而言，人工智能的贡献率目前仅占整体的5%。今后，对人工智能进行支持和辅助的设备及技术将变得非常重要。我们必须去创造和完善环绕人工智能的整个生态圈。

2. 团队组建至关重要

多田和市：要实现您的这些目标，需要多少预算呢？可能您也知道，丰田汽车在今后五年将在人工智能研究方面投入1200亿日元（约合人民币69亿元）。

阿龙·哈勒维：我们不是制造汽车的哦（笑）。

组建优秀能干的团队这点非常重要。提到团队组建，因为这是瑞可利集团的团队，所以除了在（研究所总部所在地）美国硅谷的IT人员之外，在日本的IT相关人员也可能会加入进来。

此外，在瑞可利集团里面从事各种业务的员工也会来吧。总之，我们会从瑞可利集团里面汇集各类人才，把他们组建成一个团队。

研究所里有多少人这个并不重要。我们将根据不同项目的需要，将所需人才从各种地方调配并集中到一起。团队组建将会以超越地区及集团内部业务部门的形式来聚集人才。设立几个项目，然后同时去推进，将来估计会采用这种体制。等这个体制框架形成之后，我们再去扩充相关资源。

多田和市：瑞可利的团队规模大概会有多少人？

阿龙·哈勒维：有好几种方案，但是在目前这个阶段还不能透露。因为要同时推动多个项目，所以会有人员的进出，经常会有变动和调整。我想，我们需要为大家营造一种每个人都充满希望、愿意去努力工作的环境。

多田和市：您认为瑞可利具有开展与谷歌比肩的人工智能研究的潜力吗？

阿龙·哈勒维：谷歌与瑞可利，这两个公司的文化比较相似。因为它们没有进行过实际的竞争与合作，所以无法比较。但是，瑞可利在人工智能方面具有很大的潜力。

我在谷歌创建了机器学习这个基础设施供大家使用。尽管有成功也有失败，但是因为基础设施较为完善，所以大家能够利用机器学习去做各种事情。

我打算在瑞可利也要建立同样的基础设施。我们也已经在使用机器学习，可以说在这方面我们与谷歌不相上下。今后，在加速进行全球性扩张的时候，我们所并购的企业也必须要能够使用同样的基础设施，这点非常重要。我想，我们必须使数据架构变得坚固才行。

多田和市：最近，谷歌有很多名人纷纷辞职。另外，从全球范围来看，机器学习的研究人员和数据科学家等都非常缺乏。

阿龙·哈勒维：在谷歌，一个人离开了，会有 5 个更为优秀的人参与进来（笑）。谷歌是一家非常成熟的公司，里面不乏希望挑战新事物的人才。他们从谷歌辞职之后，也会把谷歌的那种创新精神更加发扬光大。

　　相关人才非常缺乏，这点确实如你所言。正因为如此，所以我们必须要有好的工具，即那种即使员工人数很少也能够开展高效工作的工具。我认为，在初期阶段团队规模可以小一些，等以后再把它做大就是了。

第4章

物联网引领第四次工业革命

　　物联网（IoT，Internet of Things），指的是在所有机器上面都安装传感器，然后通过互联网来采集数据的做法。今天，借助于物联网，现实社会中的各种行为及事物开始被数据化并成为分析对象。今后，所有产业领域都将涉及软件、数据科学及分析学的应用。在下一代制造业方面，美国通用电气走在最前列，让我们来了解一下他们的相关举措吧。

4.1 通用电气加紧构筑"工业数据经济圈"

美国通用电气（GE）推出工业互联网战略已有三年时间。如果说苹果公司凭借智能手机改变了消费者，那么 GE 则是准备凭借数据和算法去改变相关产业。其目标是构建宏大的工业数据应用经济圈，为实现该目标，他们都采取了哪些战略措施？让我们看看记者从当地发回的报道。

加利福尼亚州，硅谷圣拉蒙——这里坐落着美国通用电气公司的"GE 软件中心"。该中心成立于 2011 年，目前这里有大约 1300 名员工，其中多数为软件工程师。该中心承担着引领公司变革和提升效益的任务，GE 在三年时间里为其投入了 1000 亿日元（约合人民币 58.34 亿元）。

2015 年 9 月中旬，GE 发布消息，由软件部门总负责人比尔·路哈出任首席数字官（CDO）一职，领导 GE 整个公司的数字战略。为此，公司新成立"GE 数字"部门，对 GE 软件中心、全球 IT 部门、各个项目的软件小组、前期所收购的加拿大 Wurldtech 的工业安全部门进行了统一整合，将其全部归于路哈麾下。

1. 软件业务超万亿日元的制造企业

不仅如此，GE 还进一步加大了对软件业务的发展力度。两周后的 9 月末，GE 在美国旧金山召开了战略说明会。会上，董事长兼首席执行官杰夫·伊梅尔特高调宣称：到 2020 年，其软件业务销售额将提升至 2015 年预估值的 3 倍，即 150 亿美元以上。

这意味着，作为全球制造业"巨无霸"的 GE，将与软件行业的世界级企业比肩并行。这个目标将超过软件业巨头美国 Adobe

Systems Incorporated（目前超过 5000 亿日元[⊖]），逼近德国思爱普
（SAP）（目前不到 2.6 万亿日元[⊜]）的规模。

　　GE 的战略核心技术主要有两个：一个是"工业互联网"，即通
过传感器获取发动机及涡轮机等工业机器的运转状况，在此基础上
进行生产效率的改进；另一个是从 2013 年开始提供服务的、用于工
业数据分析的软件"Predix"。

　　GE 对堪称工业互联网升级版的 Predix 进行了集中投资，把它
从单纯的软件打造成了一个"综合性平台"。2016 年 2 月，GE 发布
了便于客户使用 Predix 各项功能的云服务"Predix 云"，并开始正式
向客户提供服务。

　　"正如马克·安德生[⊜]所指出那样，'软件将吞下整个世界'的
景象实际上已经到来。如果把目光投向下一个一百年，那么软件及
数据科学、分析学、用户体验等概念将必不可少。"GE Predix 工程
总监西玛·姆卡玛拉说。

　　GE 还希望用 Predix 云来打造工业软件的生态系统，其机制有
点类似苹果的应用程序商店，即从智能手机 iPhone 上面下载自己想
要的应用程序，然后即刻就可以使用。

　　苹果公司通过它售出的 iPhone 彻底改变了消费者收集信息、生
活及购物的方式，这是由互联网与计算能力引发的创新；针对持有
生产活动数据的企业和从事算法研发的企业，GE 的目标则是要构
建将其聚集在一起的"工业数据经济圈"，以便为企业的生产活动
带来创新。

　　⊖　约合人民币 291.68 亿元。

　　⊜　约合人民币 1517 亿元。

　　⊜　投资家、早期的网页浏览器网景导航者（Netscape Navigator）的研发者。

2. 非单体的整体优化

GE 的 Predix 云所瞄准的对象是电力、航空、矿山、医疗、城市开发等工业领域（见图 4-1）。这些行业都需要在一线投入昂贵的机器设备，然后每天还要投入人手及大量成本进行运转。

GE 的做法是：通过这些机器设备上所安装的传感器及网络来采集大数据并进行分析，然后根据分析结果向客户提供运转及维护管理方面的优化建议。

这样做可有望取得如下成果：①生产排程及物流的实现；②相互连通产品的开发；③智能环境的实现；④维护管理优化；⑤分析能力的提高及应用；⑥设备性能的优化管理；⑦操作优化。

常驻日本的 GE 数字解决方案架构师拉杰恩德拉·马约兰解释说："例如对于发动机而言，以前一直都在进行性能改良，因此现在哪怕对其再进行 1% 的效率提升也许都将非常困难。可是，如果是飞机的话，包括飞行线路及维护管理等在内，可以改进的地方还有很多。"

例如，针对航空公司，根据机型及发动机的特点提供最优化飞行线路，或者对由发动机输出的海量传感器数据进行积累和分析，告知客户最优化的维护保养时间，等等。航空公司只要事先掌握了发动机的维护保养时间，就可以避免发生因突发性故障导致航班取消等问题。与达到一定飞行里程后即进行维护保养的硬性规定相比，这种做法更能实现成本优化。

另一方面，在采矿业领域，对无人操作的大型建设机械的行驶路线进行优化，或者根据地面情况调整其油门及制动控制等，通过这些措施也可以控制油耗成本。甚至还需要对采矿业务所有操作人员的操作都进行优化，以此来削减人力成本等，这些也都在他们的考虑范围之内。

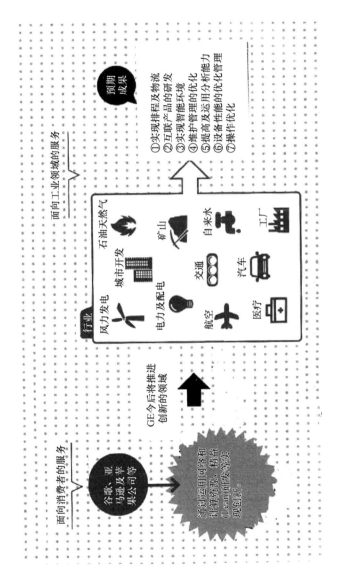

图 4-1　工业领域云服务方面的创新

3. 敢于"吃螃蟹"的骊住集团

在日本，软银集团的机构客户服务部门作为 GE 的代理店，在向客户销售工业互联网及 Predix 云等产品。

软银集团法人事业开发本部本部长赤堀洋对此显得信心十足："我们认为利用 Predix 云对工业领域实施改进今后极有前途。到 2020 年，我们希望这方面的业务能达到年销售额 500 亿日元（约合人民币 29.17 亿元）。将来，我们公司也打算配备专门负责 Predix 云的数据科学家。"

软银集团的第一个用户是综合住宅设备制造商骊住集团（LIX-IL）。据称，这不仅是日本，也是世界上首家引进外销型 Predix 云的企业。该集团旗下的施工企业 LIXIL 综合服务公司将引入 Predix 云，并把它运用于住宅整体浴室安装工人的分配作业上面。

据说，GE 最初的提议是希望把它引入骊住集团的工厂，由 Predix 云对生产线的运转停止等进行预测和提醒，以便他们能够提前采取应对措施。但是针对这个建议，骊住的上席执行董事兼首席信息官（CIO）小和濑浩之提出了不同看法，他希望把它运用于人员分配业务方面，目的在于"对需要人手、效率较低的业务实施自动化改造"。

经过如此一番磋商讨论之后，才有了日本的非物联网企业对 Predix 云的引进。目前，这方面的应用事例还很少见。

施工工程需要根据现场情况及难易程度等仔细考虑所派遣人员的技能等因素来进行匹配，所以这个人员分配作业难度很大。由此，他们打算利用 Predix 云所具有的排程等功能通过数据模拟，找到最优化的分配方案。

提供给骊住集团的 Predix 云服务将不使用标准化功能，目前 GE 正在为此进行专项研发。计划从 2016 年 6 月开始正式运行，据首席信息官小和濑估计，"尽管还不能做到在涉及人员分配的所有地方都实现自动化，但是用人数量可以削减至原来的三分之一左右。"虽然引进及运行的成本费用不对外公布，但据推测，其初期投资并不是很大。骊住集团采用的是按月支付使用费的付费方式。

从全球范围来看，包括美国的综合能源企业爱克斯龙（Ex-elon）、卡塔尔的拉斯拉凡液化天然气公司（RasGas）等在内，能源领域企业也在逐步引进 Predix 云。

4. 把技术诀窍移植到 Predix 云

Predix 云将成为一个把服务、机器及人员等所有东西都连接在一起的平台（见图 4-2）。以前只是针对 GE 制造的发动机及涡轮机等机器，但是 2014 年秋季开始把非 GE 制造的机器也纳入了服务对象。"客户工厂里也有很多非 GE 的机器。从一切为了客户的角度出发，当然最好能够进行统一管理。" GE 数字的马约兰说。

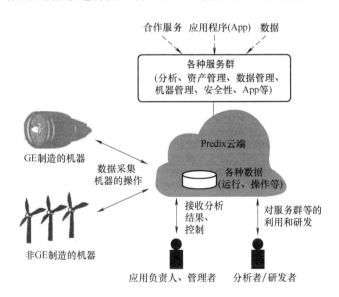

图 4-2　通过 Predix 云端使服务不断升级

"资产性能管理"（APM, Asset Performance Management）一直以来是由 GE 向工业互联网客户企业提供的、用于对机器进行管理的服务，很快客户在 Predix 云平台上也能对其功能群进行利用了。与机器相连接，由此获取运转状况，并对其状况进行分析等，像这类功能将有 20 多个。

GE 的 APM 产品负责人德瑞克·波特解释说："我们需要掌握客户企业安装在各个地方的机器的数据，去考虑它们的性能、产出品质以及安全性，等等。要做到这点，就不允许存在信息被公司各部门分别把持而得不到共享的'信息孤岛化'现象。"

例如，APM 的"数字孪生"功能，就是根据从机器上获取的数据，将机器的状态在网络空间（数字）进行再现的机制。这就好比在网络空间和现实世界存在孪生兄弟（或姊妹）一样。

给网络空间上的机器赋予各种各样的条件，以此进行故障预测等试验。如果是飞机，我们就可以利用网络空间的发动机，对根据维护内容及时间而产生的运转时间变化进行模拟等。此外，APM 还有专门针对风力发电等其他产业的管理功能。

另外还有这样的服务：比如在智能 LED 路灯上安装网络摄像头，对摄像头所采集的数据进行分析，以此来推测街上的行人数量及繁华程度等；通过分析汽车的相关图像对停车场进行停车引导及管理优化，等等。

5. 不断增多的应用程序功能

GE 集团外的企业也可以将自己所研发的应用程序及服务提供给 Predix 云。

负责 Predix 研发的姆卡玛拉强调说："Predix 云就好比是工业领域的'Windows OS'。就像 Windows 平台上有 Powerpoint 及 Excel 等那样，平台上能提供很多优秀的应用程序，用户才会去使用 Predix 云。有了客户以后，研发企业和伙伴企业就会聚集到一起，然后客户见此情景又纷纷前来光顾，我们就是要打造这种良性循环。"

例如，美国必能宝集团（Pitney Bowes）专门研发和销售供物流及邮政企业使用的大型分选机器，它向平台提供了可以根据经纬度等位置信息输出地址数据的 API（应用程序接口）。其他还有提供数据管理及业务流程管理功能的企业。

尽管 Predix 云所提供的这些应用程序及服务的价格体系一般不会对外公布，但是"在这个平台上，可以通过将应用程序等提供给其他企业使用而取得货币化收益。在上面也可以设置定价方法等。"姆卡玛拉说。

6. 灵活高效的"硅谷式研发"（见图 4-3）

大家可以站在一起随意交流，有可以随意写画的墙壁，在开放

GE工程师对客户公司一线
进行考察

GE工程师等与客户公司的一线人员
及决策者一起群策群力
· 在便笺上写出意见
· 根据课题影响程度等决定优先顺序
· 对最优先课题查找原因及研究解决对策
· 就下一步行动及负责人、日程等达成一致

快速决策
· 充分理解顾客的要求及困难
· 确定产品获取成功所
必须的因素
· 对产品进行定义并制
作样品
· 琢磨需要变更的地方
· 改进产品，追加功能

位于东京丰洲附近软银集团
寻找解决方案的设施

可以在自动售货机上购买电子零部
件(右)，或利用3D打印机制作样品

硅谷的"设计中心"

图 4-3　采用硅谷式研发方法

式食堂可以享用免费的早餐及午餐……来到 GE 软件中心，就好像到了苹果、谷歌等硅谷知名 IT 企业的办公室一样。一旦有需要讨论的课题，大家便马上聚在一起，三言两语拿出应对方案并确定好完成期限，然后迅速解散。

研发物联网产品及服务很多时候需要创新，需要在短时间内迅速启动。有时竞争对手的突然出现会使商业环境发生变化，这就需要在服务设计方面做出较大变更，这种情况简直就是家常便饭。

"群策群力（work-out）"是 GE 常用的开会方式，其特点是可以删繁就简集中讨论重要问题。此外还有一种被称为"快速决策（fast works）"的开会方式，这个在硅谷比较流行，是一边迅速改进一边往前推进的研发方法。一般认为，在解决物联网问题的时候，将这两种会议方式结合起来的方法更为有效。GE 已经开始把这种方法用于与 Predix 云客户的合作研发项目。

群策群力是在 GE 公司内部已使用多年的、有助于简化会议并能迅速得出结论的方法。骊住集团与来访的 GE 相关负责人也经常在一起进行群策群力。其具体步骤如下：

1）召集利益相关者各方开会。

2）为了找出需要解决的关键问题，先由大家提出意见（一般是匿名写在便笺上）。

3）根据问题影响程度、距离实施的时间长短画出一个双轴平面图，对解决的优先顺序进行可视化。

4）针对优先度最高的问题寻找原因并分析对策。

5）就下一步工作、谁来负责及日程安排等达成一致。

7. 方便实用的研发设施

在圣拉蒙的办公室里，还有一个被称作"设计中心"的设施，这是 GE 工程师和客户一起解决问题、一起酝酿新概念和新方案的地方。这里还设有咖啡吧及剧场等，大家可以在轻松愉快的气氛中进行交流。

当客户来了以后，大家便一边进行群策群力或者快速决策，一边对新产品及新服务的概念进行讨论和研究。设计中心里面还有为开展快速决策提供支持的设备。例如，出售模型制作用电子零部件的自动贩卖机、3D 打印机等。

有了这样的环境，客户来了以后，"只需讨论三天就可以产生新的创意。每年，大约有 300 家公司的客户来这里，一共要举行450 个以上的'群策群力'会议。"设计中心及创新总监乌迪·特内提说。

客户团队结构也是成功与否的关键因素。"很多时候，客户的来访成员也是横跨公司内部各个部门，例如业务人员、软件工程师、IT 人员、首席信息官等一同前来。包括 GE 这边在内，数据科学家、安全性、用户体验、设计负责人等齐聚一堂，大家可以相互促进。整体规模在 15 个人左右应该最为合适。"特内提表示说。

Predix 云的代理商软银集团也在东京丰洲附近设立了专用设施，用于向客户提供 work- out 服务。

另外，在 Predix 云里面，也备有可供客户使用的软件开发环境（见图 4-4）。客户企业的软件工程师只需用这个屏幕上的程序选中其所需应用的程序及服务，"就可以将相关功能像乐高积木那样嵌入进去。"（GE 数字的马约兰说。）

关于用户界面，公司备有软件组件，也规定了研发指导原则。用户只要按照这些原则去构建，那么即便是在其他机器的管理屏幕上也可以获得同样的操作感。

有了这个之后，无论是个人计算机、平板终端，还是智能手机，基本上都可以保持同样的设计和操作感。"在公司总部的管理者与在遥远现场进行设备运行的一线工作人员，即使他们所使用的设备不同，也能够一边看着同样的屏幕画面及信息，一边进行顺畅

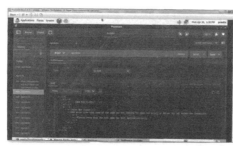

Predix云所用服务及
App(应用程序)等可
以从研发环境嵌入

使用与研发指导原则
通用的模块，在智能
手机等上面也能实现
同样的UI

图 4-4　Predix 云服务的一些功能

的沟通交流。"马约兰说。

8. 利用非营利性组织来推广普及

为了面向全球普及工业互联网及 Predix 云，GE 还实施了更进一步的布局。

为了推动和普及制造业领域的数据应用，2014 年 3 月，GE 与 AT&T、IBM、英特尔、思科系统成立了非营利性行业组织"工业互联网联盟（IIC）"。GE 在其中的地位也只是创建成员之一，而并非组织代表。

目前，包括 NEC、富士通、富士胶片、富士电机、柯尼卡美能达等日本企业在内，一共有超过 250 家企业加入了该组织（见图4-5）。

IIC 的目的是为了实现物联网时代的企业合作。由参与企业之

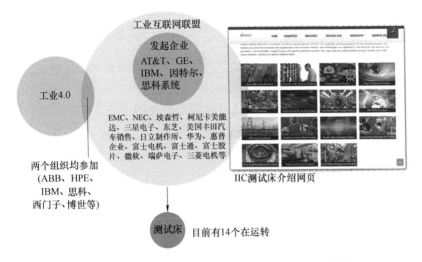

图4-5   与IIC（工业互联网联盟）成员企业开展合作

间开展相互合作，组建测试床（test bed），以便进行新产品及新服务的研发。目前一共有 14 个测试床，"据悉，其中有 4 个将使用Predix 云。" IIC 副总裁约瑟夫·枫丹介绍说。

2015 年年初，IIC 开始正式研究与作为德国国家计划的工业 4.0之间的合作。ABB、惠普企业、IBM、思科、西门子、博世等，这些著名制造企业均同时参加了这两个组织。2016 年 3 月，两个组织就合作事宜达成共识。

让对手阵营也感兴趣并参与进来，共同构建超越 Windows 及苹果应用商店的工业应用平台——今天的 GE 正以锐不可当之势谋求实现华丽转身，力图将自己打造成为一个凭借数据和算法引领世界的新一代制造企业。

4.2　物联网先锋小松：运用新技术为客户解决问题

作为物联网领域的先行者，小松公司已在广泛使用工程机械运行管理系统 KOMTRAX。小松公司的物联网应用，其目的是为了实现工地现场及施工作业的可视化，目前它已成功实现了将"非小松制造"的工程机械也纳入管理对象的"智能施工"（Smart Construction）。

"大桥彻二总经理的目标是：'要尽早把它做成 100 亿日元⊖的项目。'目前，使用我们公司 ICT（信息、通信、技术，Information Communication Technology）工程机械的工地大约有 1000 处，如果把这个数字提升至原来的 5 倍，那么该目标就可以实现。另外，如果我们把它扩展至小松公司所涉及 4.5 万处工地中的三成（约 1.3 万处），则将极大地推动公司业绩的增长。"

说话如此强劲有力的是担任智能施工推进本部本部长的四家千佳史，他也是小松公司的执行董事。

智能施工，指的是小松公司从 2015 年 2 月开始面向客户提供的、通过工地现场及施工作业的可视化对作业效率进行迅速和有效改进的措施。

1. 现场及施工作业的可视化

首先，就工地测量而言，以前两名作业人员一天最多也只能测量几十个点位，但是引进无人机之后，只需要 10~15 分钟就能够测量几百万个点位，而且可以实现厘米级间距的精度。将测量拍摄数据传送至服务器，一天之内就能够自动生成现场的三维数据。其精度在正负几厘米之内，因此能够精确地反映现场的情况。

然后，根据施工竣工图制作出施工完工地形的三维数据。只要把它与反映现场状况的三维数据取差分，就能够准确掌握需要施工的范围、

⊖　约合人民币 5.82 亿元。

形状及土石方量。再将施工数据传送至 ICT 工程机械，则现场马上就可以开工。据说，针对 ICT 工程机械，公司还提供有关熟练工操作技巧的数值化信息，因此即便是初学者，工作起来也与熟练工相差无几。

2015 年 9 月，对 ICT 工程机械施工现场进行可视化的云服务 KomConnect 开始投入使用。它把建设工地所有的工人、机器、土壤等相关信息都通过 ICT 进行连接，并加以分析和模拟，最后提出相关方案和建议。

包括智能手机、平板终端、工程机械上所安装的监视器、办公室用计算机等，通过这些设备都可以登录和访问该系统，并且能够对以前积累的信息进行利用。据称，目前已经引入 ICT 工程机械的 1000 处工地中有一半左右都在使用 KomConnect。

同年 10 月，公司在小松制造的 ICT 液压挖掘机 PC200i 上面配备了立体摄像头，此举使得对"非小松制造"的工程机械及手工操作等施工现场的可视化也成为可能。这样，对于由多个厂家制造的工程机械和手工作业等混杂在一起的、这种常见的作业现场，其施工作业的可视化也变得 100% 可行。之后，智能施工的普及势头渐趋高涨。

四家本部长回顾说："2015 年 2 月以后，我们把智能施工的试用版本交给了好几家客户去使用。刚开始大家感到很新奇，但是由于客户所使用的设备并非只有小松的 ICT 工程机械，因此他们反馈说'因为不能看见工地施工的整体情况，所以无法使用。'于是，我们就开始探索对包括其他公司制造工程机械的施工及手工作业在内的现场进行可视化的手段，最终，我们把目光停留在了公司内部正在研制的立体摄像头上面。虽然它是测量用专业摄像头，但我们想即使与工程机械的品质标准不同也没关系，能打 80 分就行，然后就立即着手研发。"

据说，由于立体摄像头使工地现场整体的施工作业实现了可视化，这样效率低下的地方就很自然地显露了出来。"比如发现某个工地尽管全天的作业速度有所提高，但是因为找不到搬运砂土的货车而影响整体效果等。有时由客户自己把问题点一个一个地解决掉，有时由我们公司参考其他案例向客户提出改进方案，总之工地确实变得比以前更有活力了。"四家本部长说道。

2. 中国及东南亚市场尚未发力

然而，小松公司的整体经营环境并不乐观。根据其 2016 年 3 月财报，集团合并销售额为 1.8549 万亿日元，同比减少 6.3%；合并营业利润为 2085 亿日元，同比减少 13.8%。尽管利润率为 11.2%，依然保持在 10% 以上，但是与过去的 15% 相比，可以说其真正实力尚未发挥出来。

其原因主要是在中国及东南亚的业绩还不够理想。但是，今后随着这些国家城市化进程的发展，他们还是需要购买新的工程机械的，因此小松的业绩改善应该说还是值得期待的。

然而，小松公司并没有坐等机会，而是及时想办法抑制业绩的进一步下滑，并让公司登上了新的成长舞台，而实现这个目标的利器就是智能施工。客户在工地有很多长期存在的问题，需要为他们提供有效的解决对策，以此让客户赚取收益，进而这也能为小松公司带来效益，最终形成良性循环。可以说这是一项目标明确、积极主动的发展战略。

"如果不能通过数据带来的可视化对实际情况进行准确把握，我们也将无法判断应当如何去应对、如何去解决问题。"小松公司是数据应用的先锋企业，从很早以前开始，"首要课题是实际状况的可视化"——这种意识不仅存在于经营高层及管理干部头脑之中，也渗透到了普通员工层面。

据称，KOMTRAX 将对全球大约 40 万台小松制造工程机械的运转状况进行实时掌握。这正是对物联网进行充分运用的"工程机械的可视化"。有了 KOMTRAX，才促成了在机器故障发生之前即能前去修理的这种明显占优服务的产生。智能施工是直接去应对和解决客户的问题，可以说是比以往更高级别的明显占优的解决方案。由此可见，小松公司通过物联网应用进一步拓展了新的业务领域（见图 4-6）。

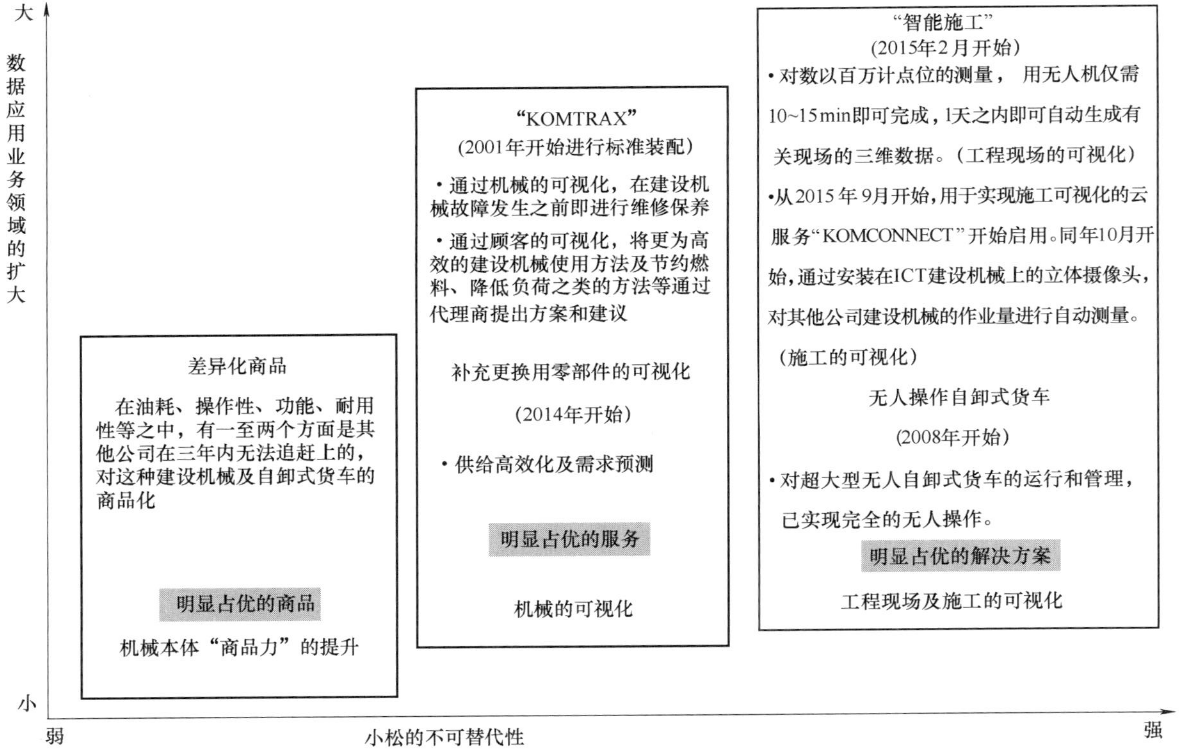

图4-6 小松公司数据应用的升级与发展

差异化商品

在油耗、操作性、功能、耐用性等之中，有一至两个方面是其他公司在三年内无法追赶上的，对这种建设机械及自卸式货车的商品化

明显占优的商品

机械本体"商品力"的提升

"KOMTRAX"
(2001年开始进行标准装配)

• 通过机械的可视化，在建设机械故障发生之前即进行维修保养
• 通过顾客的可视化，将更为高效的建设机械使用方法及节约燃料、降低负荷之类的方法等通过代理商提出方案和建议

补充更换零部件的可视化
(2014年开始)

• 供给高效化及需求预测

明显占优的服务

机械的可视化

"智能施工"
(2015年2月开始)

• 对数以百万计灯点位的测量，用无人机仅需10~15min即可完成，1天之内即可自动生成有关现场的三维数据。（工程现场的可视化）
• 从2015年9月开始，用于实现施工可视化的云服务"KOMCONNECT"开始启用。同年10月开始，对安装在ICT建设机械上的立体摄像头，对其他公司建设机械的作业量进行自动测量。
(施工的可视化)

无人操作自卸式货车
(2008年开始)

• 对超大型无人自卸式货车的运行和管理，已实现完全的无人操作。

明显占优的解决方案

工程现场及施工的可视化

数据应用业务领域的扩大　大／小

小松的不可替代性　弱／强

145

4.3 经营者调查：9 成经营者认为数字技术将改变行业结构

2015 年 11 月至 12 月，日本经济新闻社与日经大数据共同实施了以企业经营者为对象的有关大数据、物联网及人工智能的问卷调查。调查共收到 86 家企业的回复。调查内容主要包括大型企业的经营者意识、企业的方针政策等项目。

"您认为大数据、人工智能和物联网等数字技术将改变行业结构吗？"

对于这个问题，9 成经营者都做出了肯定回答。50% 的经营者回答"非常赞同"，38% 回答"或多或少赞同"。

对于回答"认为将改变行业结构"的企业，我们又问道："您认为贵公司在应对数字技术的升级发展及普及渗透方面做得足够充分吗？"对此，断言"应对很充分"的为 4%，"进行了一定程度应对"的为 47%，两者合计起来也仅占一半。这说明，即便感受到了变革浪潮，但是对浪潮能够驾驭自如的企业也只是凤毛麟角。

在这些大型企业里面，对大数据、物联网、人工智能的利用现状如何呢？回答正在积极运用大数据的企业为 67%，积极运用物联网的为 48%，积极运用人工智能的为 30%，其应用普及情况大致是这样的顺序。

在应用措施的实施部门及实施目的方面，我们把对于"物联网"回答"正在运用"的比例与"尚未运用但以后希望运用"的比例加在一起，对今后的应用普及前景进行了探讨（见图 4-7）。结果发现，物联网在"设计、生产/削减成本"（正在运用为 49%、希望运用为 48%）方面最有可能得到普及和运用。实际情况也是如此，在很多工厂，以机器传感器数据分析为基础的降低不良品率措施等已经较为成熟。关于人工智能应用，用于"销售、营业/提高业绩"（正在运用为35%、希望运用为61%）所占比例最高。

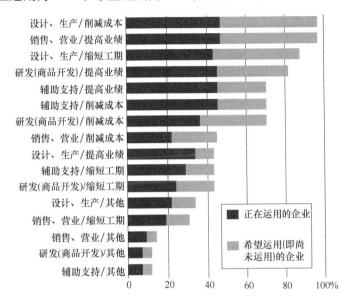

图 4-7　大企业中的物联网应用用途

　　清水建设株式会社总经理宫本洋一（时任）认为："如何通过大数据和人工智能应用实现建设工地的'省力化'和'省人化'，这是企业当前面临的课题。"大林组总经理白石达也表示说："对建筑行业技术人员和技术劳动力缺乏的问题大家都非常忧虑，在这样的背景下，生产系统创新是一个重要课题。但要解决这个问题，我认为，包括大数据、人工智能及物联网在内的尖端ICT应用不可或缺。"可以说，今后物联网及人工智能等先进技术的应用普及，是解决劳动力不足这个社会问题的希望所在。

4.4　JR 东日本：利用物联网实现维护管理升级，架线数据也成为采集对象

今后，那些拥有大量基础设施的企业，将通过物联网带来的维护管理升级获取良好的经营效益。为了能够实时掌握轨道线路及架线的状况，JR 东日本正在推进相关投资活动。他们认为，战略性的设备投资及维修计划将为企业的经营发展带来巨大推动力。

东日本旅客铁道（JR 东日本）正在推进运用物联网的维护管理升级及高效化方面的投资。在 2016 年 3 月开始重启营运的山手线新型机车组"E235 系"上，目前已经开始实施了新的数据采集方法。公司希望实现的目标并非"定期检修（TBM, Time Based Maintenance"，而是根据实际情况灵活实施的"基于状态的维护（CBM, Condition Based Maintenance）"（见图 4-8）。由此，公司向着该目标又往前迈进了一步。

"德国已经在进行第四次工业革命，我们铁道行业在人工智能、物联网及大数据、机器人等技术方面也不能落后于人。因此，我们的技术企划部门必须制定出相应的研发方针。"综合企划本部技术企划部副部长中川刚志对新技术应用充满了期待。

该公司的企业经营计划《集团经营构想五大重点》，将"ICT 应用业务创新"列为一项重点措施。"将轨道线路及电力设备的监测装置引入山手线等示范区段，并推进其实用化""着手对从山手线 E235 系量产试验机车组获取的机车监测数据进行分析"，等等，公司正致力于维护保养业务的创新。

在营运机车上安装设备监测用装置并进行数据采集，这项措施始于 2013 年 5 月。例如，在京滨东北线上安装了线路设备监测装置，用摄像头对着轨道进行拍摄，利用加速度计和激光传感器对轨

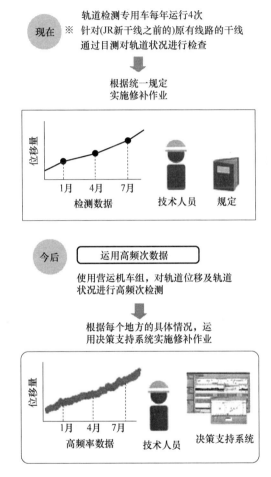

图 4-8 从定期检修（TBM）转变为基于状态的维护（CBM）

注：根据 JR 东日本所提供资料由编者制作

道线路进行检测，其目的是为了检查有无螺栓松动及破损等异常情况。

E235 系机车组还能够对架线进行监测，由此可以获取有关行驶磨损的数据。

在对这些数据进行分析的基础上，再结合一线业务人员的经验和知识，来对异常检测进行验证，目前这方面的工作正在推进当中。作为 CBM 的前期条件，今后在一线业务人员的平板终端上，需要能对设备数据进行实时显示并加以利用。

新设分析中心

上述数据分析主要由 JR 东日本研究开发中心的技术中心负责执行。"我们的目标是实施开放型创新，因此也会把业务委托给以前没有合作过的海外企业及数据分析企业。"中川说。公司希望以此引进新的知识和技术。

该公司除上述数据分析业务之外，"IT 及 Suica 事业本部"的信息商业中心还承担着营销方面的分析业务。2015 年 4 月，在综合企划本部系统企划部里面又新设了"分析及安全性中心"。这个部门有 4 ~ 5 名数据分析师，研究的课题有比如站台门的故障预测，等等。

尽管物联网应用需要花费较长时间才能见到效果，但是中川表示："像 JR 东日本这样的基础设施企业，实际上就是以维护管理为主业的企业。如果能够实时了解设施的状态，知道如何管理更为有效，就能为经营带来很好的提升效果。"如果能够实施以轨道线路或者枕木为单位的管理，那么就可以制定出具有战略意义的设备投资及维修预算计划。在引进新设备的同时，积极推进物联网应用，JR 东日本正在朝着实现"基于状态的维护"这个目标大踏步向前迈进。

4.5　丰田汽车发力"互联汽车"研发，10 亿美金"豪投" 人工智能

　　2016 年年初，丰田汽车在北美成立了人工智能研究中心，并计划在今后五年为其投入 10 亿美元。该中心高层领导透露："我们正在进行自动驾驶汽车与家用辅助型机器人两个方面的研发。"目前，该中心的研发重点是在发生紧急情况时能够对驾驶员提供帮助的协调型自律控制技术。

　　今天，物联网及人工智能浪潮正汹涌澎湃，相比美国企业已经大为落后的日本产业界，也终于开始跻身于相关技术的研发和投资领域。其中站在最前列者，应该是丰田汽车吧。

　　2016 年年初，丰田汽车在美国硅谷设立了人工智能研究中心 TRI（Toyota Research Institute），并表示在今后五年将为其投入 10 亿美元。

　　2015 年 10 月，即在 TRI 消息公布的一个月之前，丰田发布了在 2020 年左右实现以实用化为目标的自动驾驶试验车辆，并公开展示了在汽车专用道路上并线、车道保持、变线、车道分流等自动驾驶技术（见表 4-1）。

表 4-1　2015 年后半期开始，丰田相继发布多项有 关人工智能及物联网的研发项目

发布时间	内　　容
2015 年 10 月	丰田汽车发布在 2020 年左右实现以实用化为目标的自动驾驶试验车辆。在汽车专用道路上的并线、车道保持、变线、车道分流等，均由汽车自动操作完成
2015 年 11 月	丰田汽车成立新公司，以加强人工智能技术研发
	召开有关成立人工智能研究新公司 TOYOTA RESEARCH INSTITUTE, INC. 的记者招待会

（续）

发 布 时 间	内　　容
2015 年 12 月	丰田汽车出资 Preferred Networks，以加强与拥有人工智能领域优秀技术企业的合作
	丰田汽车开始研发自动驾驶技术所需的地图自动绘制系统。该系统将被用于目前正在研发、预计将在 2020 年左右投入使用的自动驾驶车辆
2016 年 1 月	丰田汽车加速"互联"技术研发项目，为了"制造更好的汽车"而对车辆数据开展有效运用
	发布人工智能研究新公司 Toyota Research Institute, Inc.（TRI）的架构体制及进展情况
2016 年 3 月	丰田汽车发布新的架构体制。根据产品群分设 7 家公司，在向这种新架构体制过渡的同时，新成立"互联公司"
	Toyota Research Institute, Inc. 招聘自动驾驶汽车研发人员
2016 年 4 月	丰田汽车与微软合作，在美国成立新公司 Toyota Connected, Inc.，其目的是为了整合和运用从车辆获取的信息。将从市场车辆提取的信息反映至"制造更好的汽车"这个理念上
	人工智能研究公司 Toyota Research Institute, Inc. 在密歇根州安阿伯设立新研发基地，旨在与密歇根大学合作，推进自动驾驶研究项目
	在美国成立车载信息保险服务公司，对丰田的数据、金融、保险诀窍等进行集约管理，以便向客户提供最优化的车载信息保险服务

　　同年 12 月，丰田还宣布将对物联网领域的人工智能应用风投企业 Preferred Networks 出资，以加强与拥有优秀技术企业的合作。

　　在一系列举措中，尤以 TRI 的动向最为引人关注。投入巨资设立的 TRI 将具体实施哪些研发项目，2016 年 4 月下旬，其高层领导向我们进行了详细说明。

　　"TRI 正在研发自动驾驶汽车和家用辅助型机器人。""自动驾驶汽车技术，将是代替人类进行驾驶的技术与在紧急情况时对驾驶员给予帮助的技术两者的组合。"

　　在位于东京临海副都心的日本科学未来馆举行的一个活动上，

TRI 首席执行官吉尔·普拉特如此介绍说。该活动是名为"第一届下一代人工智能技术共同论坛"的研讨会，由总务省、文部科学省、经济产业省三家联合举办。

演讲伊始，普拉特首席执行官讲了这么一段话："每年，全世界大概有 125 万人因车祸而丧生。在美国大约有 3 万人，日本的这个数字约为 5000 人。当我入职丰田公司听到这组数字时，我感到非常震惊，以至于那天晚上我为此彻夜难眠。"讲述了他当时的心境后，他又强调说，丰田的目标就是要彻底改善汽车的安全性。

"今天我演讲的题目是人工智能，但是就驾驶汽车来讲目前还是人类更为擅长。即便是由人类来驾驶，每年全球也有 125 万人丧生。TRI 将致力于这个问题的解决。"普拉特首席执行官明确表示说。

"像天使一样守护着我们"

以谷歌为首，很多美国企业都在研究用人工智能代替人类驾驶汽车的技术。简言之，就是人工智能的"代驾"技术。

与之相对应，还有一种专门守候在驾驶员身边，在出现紧急情况时会对驾驶员伸出援手的人工智能，即英文名为"Guardian Angel（守护天使之意）"的事故预防技术。

"在发生特殊情况时，比如说它会自动停车等；仍然是由人类来执行驾驶操作，它只是起一种预防危险的作用。这项技术就好比是守护在驾驶员身边的天使。"普拉特首席执行官说。TRI 正在加紧研发的是将"代驾"技术与事故预防技术合二为一的自动驾驶汽车。

4.6 全公司数据共享，积水住宅荣膺两项第一

为了弄清哪些企业是数据应用的先进企业，日经大数据发布了首个"数据应用先锋企业排行榜"。该排行榜共分 4 个部门领域，积水住宅在研发和生产两个领域均获第一。

那些数据应用先进企业都采用了何种系统？拥有什么样的组织体制？制定了什么样的投资方针呢？我们有必要探明这些问题，以便为那些正在考虑加大数据应用投入的企业指明方向。

出于上述目的，日经大数据组织和实施了"第一届数据应用先锋企业排行榜"活动。首先，以上市企业及虽有实力但尚未上市的企业为对象，实施了一项问卷调查。然后，基于该问卷调查，对利用数据来了解和掌握实际情况，以及在此基础上的措施实施情况这两个项目进行了评分。以这两个项目为基础，按照平均分 500、标准差 100 的原则，计算出各企业的标准化综合得分，并由此得出排名。

其结果如图 4-9 所示。

在研发部门方面，积水住宅以综合分数 681.2 分的成绩名列第一。第二名的日本财产日本兴亚保险公司与其仅相差 6 分，在四个部门评比排名中这是最微小的差别。而且，在生产部门方面，积水住宅也以 810.1 分位居第一。其实，这些都得益于该公司实施的全公司业务流程数据联动系统。

在销售部门方面，三菱电机的得分为 755.3 分，排名第一。该公司随时掌握库存及销售情况，对商品多寡进行预测并及时向生产部门反馈，由此使公司内部的库存状况得到了合理改善。对公司内外数据进行全面、综合的分析是其获得最高评价的关键。

另外，在业务辅助支持部门方面，富士胶片控股得分为 757.6

1 研发部门

排名	公司名称	评分/分
1	积水住宅	681.2
2	日本财产日本兴亚保险	675.2
3	DeNA	654.4
4	TSON	647.5
5	日立制作所	601.4
6	梦展望	600.7
7	麒麟啤酒	574.3
8	东京海上日动火灾保险	574.3
9	Kenko.com,Inc	573.3
10	Ekitan&Co.,Ltd.	564.4
11	ECHO—TRADING Co.,LTD.	564.4

2 生产部门

排名	公司名称	评分/分
1	积水住宅	810.1
2	卡乐比	701.9
3	新日铁住金	700.6
4	JFE钢铁	694.3
5	富士胶片控股	666.6
6	IDEC	621.5
7	积水化学工业	620.5
8	牛尾电机	619.8
9	川崎重工	611.9
10	Cosmo Energy Holdings Co.,Ltd	603.7

3 销售部门

排名	公司名称	评分/分
1	三菱电机	755.3
2	积水住宅	747.4
3	柯尼卡美能达	720.7
4	JFE钢铁	717.7
5	木德神粮	711.1
6	丸井集团	711.1
7	富士胶片控股	703.2
8	三越伊势丹控股	692.7
9	佳能营销日本公司	692.0
10	世尊信用卡	687.4

4 业务辅助支持部门

排名	公司名称	评分/分
1	富士胶片控股	757.6
2	爱和谊日生同和财产保险	736.9
3	株式会社FORVAL	730.6
4	佳能营销日本公司	719.4
5	三井住友海上火灾保险	692.7
6	积水住宅	692.4
7	MONEY SQUARE HOLDINGS,INC.	657.4
8	三菱电机	656.4
9	柯尼卡美能达	638.6
10	日立系统	638.0

图 4-9　第一届数据应用先锋企业排行榜

分，排在第一位。其亮点是在面向消费者的商品 FQA（常见问题解答）上的人工智能应用。

数据应用对企业销售情况，对企业内部人力资源等的掌握情况、掌握和预测的精度、掌握和了解的速度如何，我们根据企业对这些问题的回答算出了本排行榜中的"情况掌握评分"；"措施评分"则根据对以数据为基础的"措施内容""措施的出台速度"等回答计算得出；关于数据应用的收益问题，因为很难将数据应用的贡献单独拿出来计算，所以没有将其作为评估对象。不过，从评比结果可以明显看出，就排行榜中排名靠前的企业而言，事实上，数据应用对提升企业效益是极为有效的。

本调查由日经大数据与日经调研公司于 2015 年 9 月 11 日至 11 月 6 日联合实施完成。调查问卷一共寄给了 4264 家企业，最终收回有效答卷 221 份。问卷分两部分：一部分是必答问卷，询问企业的整体应用情况及应用体制；另一部分分别准备了从研发、生产、销售到业务辅助支持一共四个部门的问卷，让企业根据其数据应用情况自愿填写和提交。

下面，让我们来具体考察一下这些先进企业的相关举措。

1. 先进企业介绍

◆积水住宅整体一盘棋，富士胶片重视人工智能

在所有四个部门中，积水住宅都入围前十名，并且在其中的研发和生产两个部门荣居首位。之所以取得如此佳绩，是因为 2014 年由公司 IT 部门主导引进了涉及全公司业务流程的数据联动系统，对各个部门的数据应用实施一体化管理（见图 4-10）。

该公司在客户建筑工地所使用的钢架及外墙等部件材料，其实每栋房屋是互不相同的。从表面上看，这些材料好像可以批量生产，但其结构及螺栓位置等都根据房屋不同而存在差别，完全是客户定制产品，因此相关的设计数据本身就是大数据。

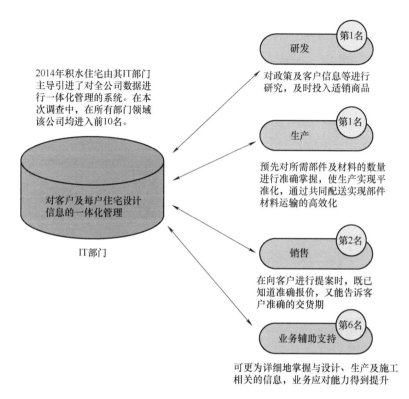

2014年积水住宅由其IT部门主导引进了对全公司数据进行一体化管理的系统。在本次调查中，在所有部门领域该公司均进入前10名。

对客户及每户住宅设计信息的一体化管理

IT部门

研发 第1名
对政策及客户信息等进行研究，及时投入适销商品

生产 第1名
预先对所需部件及材料的数量进行准确掌握，使生产实现平准化，通过共同配送实现部件材料运输的高效化

销售 第2名
在向客户进行提案时，既已知道准确报价，又能告诉客户准确的交货期

业务辅助支持 第6名
可更为详细地掌握与设计、生产及施工相关的信息，业务应对能力得到提升

图 4-10　积水住宅对各个部门的数据应用实施一体化管理

引进新系统以后，在向客户提方案时就可以把有关设计的详细数据反映进去，还能够准确告知客户价格及交货期等。另一方面，生产和研发部门也能及时掌握提案阶段等最前端的信息，材料调配及研发业务方面的数据应用机制由此得到完善。

之后，一旦订单敲定下来，则设计数据马上能够得到确定，就连生产所需部件及材料的详细数据也可以随即落实。"现在，即便对于两三个月以后发货的订单，我们也能够提前以零部件材料为单位进行分析了。"生产部部长兼设备物流组组长获原悟司说。而以

前呢，以零部件材料为单位的分析最多只能做到两周之后发货的订单。

在生产供应链管理方面，通过对生产及交货所需部件材料数据的精细化掌握和预测，使得送货货车的数量也减少了大约两成（见图4-11）。

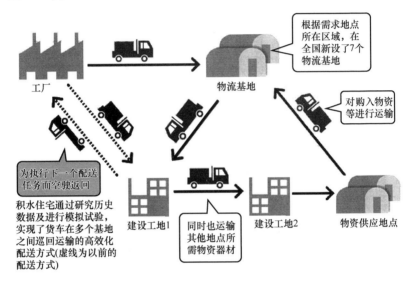

图 4-11　实现了以数据为基础的高效化配送

"通过削减成本实施物流改革，我们成功地克服了驾驶员不足及运费高涨等新课题。如果不及时采取措施，后果将难以想象。"山口工厂设备信息部部长谷口胜章如释重负地说道。

首先，在对客户需求所在区域等数据进行分析的基础上，在日本全国新设了7个物流基地。然后，在具体实施材料配送时，货车从物流基地出发后必须巡回前往多个客户工地及提货地点，尽可能地以装载着材料货物的状态来运转和行驶，为此就需要根据数据制定每天的配送计划。参考过去的配送记录、每个区域的平均速度、装卸货作业时间等各种数据，定期进行模拟试验并重新设定相关条件，另外还要听取一线驾驶员的意见等，通过这些方法来实施优化改进。

为了方便大家及时了解信息，在配送网点还设置了显示触摸屏。里面的信息包括第二天及以后日期的计划方案，同一个工地是否有其他驾驶员前往等。"在工地现场，可能有比如道路狭窄需要驾驶员相互配合的地方。我们希望通过这种数据共享，让每个人都能够心情愉悦地工作。"谷口部长说。

◆工业 4.0 实践

积水住宅的静冈工厂距离静冈县挂川火车站不算很远，开车大约需要 30 分钟。目前，该工厂正在将这些数据结合物联网加以运用，进行与德国举国推行的下一代制造业措施"工业 4.0"相同的实践。

在该工厂最新引进的生产线上，有超过 120 台的机器人及自动搬运车正在运转。每栋房屋设计各异的结构部件需要通过这里的流水作业来进行生产。据称，自动化程度如此之高的流水线在该行业也并不多见。

每台机器人上面都安装有用于激光定位检测的特殊传感器，将检测结果与部件的加工数据进行比对，机器人的操作位置是否有偏差当场就可以做出判定。之后，还需要对机器人的设定进行实时修正。"加工操作精度如果达不到毫米级，在建筑现场就将无法对其进行组装。"静冈工厂设备信息部部长藤田贡生说。

另外，他们还将熟练工人的作业转换成数据，并让机器人对其进行记忆。"例如，当处理这种形状部件时，熟练操作工会注意哪些地方怎样去确定位置等，像这种模式多达数百种，都需要一一对其进行数据化。我们花费了大约半年时间才达到目标状态。"生产部设备物流小组课长石本荣贵说。

需要输入机器人的各个部件的加工数据，由设计数据直接生成。因为是根据订单信息来进行生产，所以成品库存得以大幅度减少。此外，在安排生产时，还需考虑往送货货车上装货时的最优组合和顺序。

该公司认为，"即使是同样的订单，我们也需要把自己打造成更容易创造效益的'肌肉型体质'"，为此，整个公司正在努力推行运用数据来进行预测及优化改进的措施。

◆富士胶片控股株式会社引进人工智能待客

富士胶片控股株式会社是业务辅助支持部门的第一名，它的特征是在数码相机等 B2C 商品方面，已经开始运用机器学习等人工智能技术。2015 年 9 月，该公司的 IT 部门与业务部门携手合作，引进了可以对 Web 网站上的顾客行为进行了解和掌握的系统。

首先需要让系统进行学习，以便当顾客在网站上输入有关产品使用方法及规格等问题时，系统会自动显示出最合适的 Q&A。然后还要让客户回答对于系统所提示的解答是否满意，以此来提高系统的精度。

对于这个人工智能 Q&A 系统，公司希望它既能提升客户的满意度，也能为公司削减顾客接待成本。例如，通过询问表格提出的问题，如果有合适答案，就无需再发送给相关负责人而直接由 Q&A 显示出来。他们希望通过这种方式来降低咨询窗口的接待成本。

2015 年，作为经营性企业的富士胶片，开始着手构建对这类一线大数据进行应用的平台及体制（见图 4-12）。

2015 年秋季，该公司开始运行一项被称为"数据湖（Data Lakes）"的基础设施，它可以对 Q&A 的历史数据等各种格式的信息进行蓄积并加以分析，其数据容量达 70TB。"我们希望对图像及社交媒体等非固定型数据进行蓄积，然后与业务一线合作，通过分析找出新的知识和见解。根据利用情况，今后还将继续扩大容量。"经营企划部 IT 企划小组组长横山立秀说。

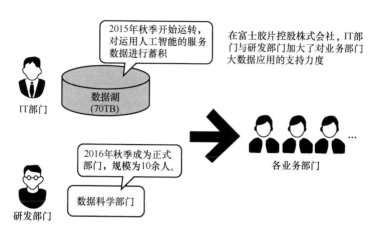

图 4-12 富士胶片控股株式会社的数据应用机制

2. 前 20 名的共同特征

◆重视一线人才配置及教育培训实施

数据应用先进企业与排名靠后的企业其差距究竟在什么地方？我们发现，综合评分前 20 名的企业与排名靠后的企业之间，在数据分析的组织体制及问题意识等方面都存在差异。其中较为显著的区别是，作为经营管理层或者公司总部的数据应用推进措施，排名靠前的企业"在各个部门配置数据分析专家"的比例较高（见图 4-13）。

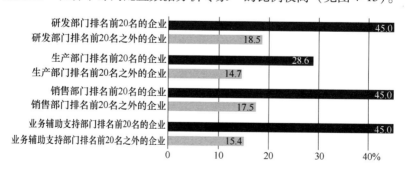

图 4-13 在各个部门配置数据分析专家的比例情况

　　有些企业还"设置了推进数据应用的专职部门"。尤其是在销售部门方面排名靠前的企业的这个比例为40%，而排名靠后的企业该比例只有20%，二者差距较为明显；而在其他部门方面只有百分之几的差距。与设置数据专职部门相比，在各部门配置专家更是排名靠前企业的共同特征之一。

　　此外，"为企业的经营决策提供相关数据，在这方面有无成效显著的措施？"——针对该提问，在企业的回答中差别较大的是"一线数据应用培训活动的开展"。

　　排名靠前的企业，在研发及销售部门该比例为45%，在评分最低的业务辅助支持部门也有35%开展了相关培训活动。而与之相比，排名靠后的企业，在得分最高的研发部门该比例也仅为20.4%。

　　因此，我们认为，对生产一线的重视，对于促进企业数据应用的发展升级也极为有效。

专家点评

官民携手推进物联网应用

吉川和宏

在日经大数据主办的"2016年春季大数据会议"上，积水住宅董事长兼首席执行官和田勇作为住宅产业代表发表了演讲。他阐述了以住宅为出发点来解决社会问题的现状，以及如何利用物联网、大数据来解决这些课题。

在即将到来的物联网社会，住宅将成为一个重要的平台。——这是和田对于物联网社会中住宅产业所发挥作用的评价。"通过获取源自各种物品的海量数据，我们的生活将获得前所未有的便利。"他说。

不过，他指出，在物联网应用方面，与其他先进国家相比，日本的起步已经晚了一大截。要想摆脱这种状况，官民携手共同推进不可或缺。"如果政府与行业携起手来，以'举全日本之力'的姿态来推进物联网应用，那么我们小时候科幻漫画中所描述的那种世界在日本也一定能够实现。"他强调说。

从世界范围来看，日本"少子高龄化"问题之严重也极为少见，而且其程度还在不断加深，当今的日本存在着各种各样的社会问题。"把物联网技术融入住宅建设，将为解决这些问题开辟出一条光明大道。"和田说。

为了将物联网及大数据应用于商业活动中，积水住宅构建了对各种信息进行一体化管理的系统。它是一个对从设计到生产施工、售后服务等各个工序所产生的海量数据进行采集，对住宅的整个生命周期进行管理的系统。使用该系统之后，对于每一栋住宅，是由谁如何设计的，由哪家施工公司使用何种材料和构件进行施工的，居住的是什么样的客户，接受过什么样的维护管理，等等，我们就可以"一条龙式"地全面掌握这些信息。

　　"将物联网和大数据引入住宅产业，其目的是为了提升生活价值及住宅本身的价值。企业在开展相关活动时，必须始终秉持一切为了住户的理念，而不是优先考虑自己公司的利益和一己之便。只有从这种视角出发去努力进取，社会发展的可持续性才能得到更大提升。"演讲结束时，和田如此总结说。

第 5 章

什么是创新

今天，在这个竞争激烈、变化多端的时代，传统商业模式日渐式微，人们对创新趋之若鹜。然而，如果只是一味地追求新技术，则未必会产生创新。如何探寻和捕捉新业务与新商机，这里面确有诀窍。关西学院大学教授玉田俊平太是颠覆式创新的理论大师，让我们听听他的精彩论述吧。

5.1 优步为什么在日本难获成功：数字化时代差异化的三大价值

数字技术的变化日新月异，商业环境也以同样的速度在变化着，有4成企业管理人员自称感受到了来自"颠覆式创新"的威胁。在这种数字时代，实现与其他公司差异化的关键在哪里？迈克尔·韦德教授将为我们指点迷津。（采访者：多田和市）

受访者简介：

迈克尔·韦德（Michael Wade）：

数字业务转型全球中心（Global Center for Digital Business Transformation）负责人，瑞士商学院IMD（洛桑国际管理发展学院）教授。长期关注数字技术对商业模式及战略、领导力等带来的影响，并致力于与其相关的调查研究和教育培训。另外，还担任IMD面向全球各国、各大公司管理人员的短期公开培训项目的总监等职务。

多田和市：您创立了数字业务转型全球中心，并亲自担任负责人。您认为，在数字化时代，企业经营者持有什么样的危机意识？

迈克尔·韦德：今天，业务环境的变化速度比以前更快，其原因就在于数字化。因为虽然环境变化与技术进步的速度大致相同，但是企业组织的变化速度却要缓慢得多。其实，这两者之间的差距既是机会也是威胁。

我们做了一个调查，当我们询问企业经营者：你所在行业排名前10名的企业，在五年后是否还会榜上留名？根据调查结果，平均有3.7家回答"是"。也就是说，10家企业中有6家都将被挤出前10名。当我们询问风险有多大时，大约有四成的人回答说正面临着"很大威胁"或者是"有一定威胁"。可是，踏踏实实地采取措施应对这种威胁的企业仅有 25%。

多田和市：在数字时代，已有企业与初创（新兴）企业谁更有利？

迈克尔·韦德：相关调查显示，初创企业在创新性（45%，已有企业为 24%）、敏捷性（37%，已有企业为 17%）、勇于冒险的挑战精神（35%，已有企业为 14%）方面具有优势。但是另一方面，已有企业在资本（33%，初创企业为 14%）、品牌（32%，初创企业为 16%）、顾客平台（29%、初创企业为 11%）方面更为有利。

三年前默默无闻的公司如今已成长为一个响当当的品牌，优步公司即是一个典型的例子。那么它为什么能成功呢？问出租车公司，回答说是因为便宜。问顾客呢，说是因为不仅便宜，车也干净，驾驶员还很友善，看看应用程序就知道车在哪里，什么时候来，如果没带现金可以用手机支付而且还不收小费。顾客还回答说，能对驾驶员进行评价这点也很不错。

数字时代的差异化，其关键点有三个：①商品价值（性价比要好）；②体验价值（前所未有的便利性等）；③平台价值。优步提供了新的体验价值，因而获得了成功。

可是，它在日本却并没有取得成功。在东京，即使你想用优步也没有车。尽管东京有 4.6 万辆出租车，但是好像在优步登录注册的少得可怜（优步日本解释说，车辆数量不对外公开，他们把发展重点放在包车业务上面）。

其原因是：在东京乘坐出租车的话，不但车辆干净整洁，驾驶员也很和蔼，肯定会规规矩矩地把你送到目的地；不需要小费，支付方式也很简单。优步在其他国家所提供的价值，很大部分在日本原本就已经存在。也就是说，优步在这里无法提供新的体验价值。按照不同的市场或者国家来分析商业模式，其实也是蛮有意思的一件事。

亚马逊堪称"价值吸血鬼"

多田和市：美国谷歌等公司也在从事自动驾驶研究。您认为在数字业务时代，行业界限是否会消失？

迈克尔·韦德：确实如此。世界随时随地都在产生形形色色的分解和变化。无论谷歌还是苹果，都在对汽车研发跃跃欲试。亚马逊也准备投身于文化创意等内容产品的收藏及创作领域。也就是说，企业自己无法预知何处将会有对手出现，我们正处于这样的时代。

亚马逊正在尝试着在很多国家同时实现"成本""体验"和"平台"这三种价值。它堪称是一个不折不扣的"价值吸血鬼（Value Vampire）"，来到某个市场，随即将利润吸走。凭借低廉的价格为客户提供新的体验价值，并拥有巨大的平台，其他公司会怎么样它并不在乎，甚至连它自身是否赚钱也不考虑。

要与之对抗就必须找准"价值缝隙"。乐天钻进了价值的缝隙，构筑起一个自己的平台开始与亚马逊展开竞争。寻找价值缝隙，这就必须要具备数字业务的敏捷性，即①对周围状况超灵敏觉察的"超级意识"；②基于准确信息的决策力；③快速执行力。

第一点超级意识指的是能够深刻理解自己身边所发生的事情。这需要有积极感知事物的能力。第二点基于信息的决策力，决策力取决于各种消息是否能够共享，能否进行跨部门的沟通等。第三点快速执行力，对此深感痛苦的企业有很多。在实际实施的时候，要学会把资源"用在刀刃上"，另外，还必须有一个勇于实践并且能够宽容失败的组织体制。

5.2　俊平太博士创新讲座：如何在人工智能及物联网领域获取成功（玉田俊平太）

（玉田俊平太　关西学院大学经营战略研究科副研究科长，曾在美国哈佛大学研究生院迈克尔·波特教授带领的研究小组从事竞争力与战略关系的研究，并师从克莱顿·克里斯坦森教授学习创新管理理论。其名字的日语读音与熊彼特（Schumpeter）相同，据说是由其父亲起的，其父曾研究过经济学。）

大多数开展人工智能及物联网应用的企业都期待着在其经营活动及业务方面能够实现创新。然而，什么才是创新呢？如果定义及手法模糊不清，则恐怕难以取得成功。

5.2.1　为什么要进行创新?

"化学创新"（东丽集团）、"创新未来"（大发工业）、"价值源于创新"（富士胶片控股株式会社），等等，很多企业都把创新作为自己的口号，这是为什么呢？

这里面有三个原因：对于企业来讲，①通过创新可以获得竞争优势；②创新能够帮助企业适应周边环境的变化；③还有最重要的一点，也是与每位读者都有关系的，通过掀起创新还有可能赚取巨额财富（见图 5-1）。

以下例子也可以充分说明这些道理。比如，在全球企业市值排行榜上，美国 Alphabet（谷歌的控股公司）、苹果公司等持续掀起创新的高科技企业均排名靠前；另外，在全球个人财富排行榜上身居前位者也大多是这些高科技企业的创业者。

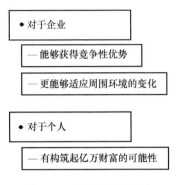

图 5-1 为什么要有创新?

5.2.2 什么是创新?

无数企业和个人都在期盼创新,天天喊创新,但是如果问他们:"创新到底是什么意思?"令人感到惊讶的是,十个人可能有十种答案。

公司口号和目标里的词语,如果在员工之间都没有形成统一的认识和理解,大概其创新也很难成功吧。

此外,很多读者估计是因为对人工智能和物联网技术感兴趣才捧起这本书的,但是对于技术和创新之间的关系,我想很多人未必真正了解。

那么,这些技术怎样才能转变成创新?怎样才能提升自己公司的竞争力及对变化的适应能力?怎样才能使得自身财富得到增长?在本文中,我将就这些问题向诸位进行简要解答。

1. "创新"与"发明创造"的区别

创新的英文 innovation 是 innovate(动词)的名词形式。innovate来自拉丁文的 innovare,而 innovare 一词里面含有 nova(新的)这个单词,由此我们可以得知,innovare 的意思是"对某种东西进行

更新"。innovation 是该词的名词形式，因此它表示"对某种东西进
行更新"这件事情（见图 5-2）。

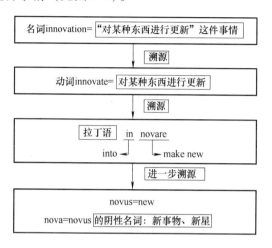

名词innovation=「"对某种东西进行更新"这件事情」

溯源

动词innovate=「对某种东西进行更新」

溯源

拉丁语　in　novare
　　　　into →　└── make new

进一步溯源

novus=new
nova=novus 的阴性名词: 新事物、新星

图 5-2　创新的词源

　　创新（innovation）与表示自己首次创造出新点子的发明、创造
（invention）很接近。但是，二者有两点区别：①创新所运用的技术
并不一定需要由自己创造出来；②创新必须要得到顾客（社会）的
广泛接受（即取得商业性成功）。

　　例如，尽管深度学习这项技术并不是你发明的，但是假如你比
别人更早地把它引进自己公司的客服部门，实现了优于其他企业的
客户满意度和员工成本削减，并由此提高了企业竞争力，那么这完
全可以称之为创新。

　　关于什么是创新，之前已经有很多专家和学者经过讨论，对其做
出了如下定义：即将技术等的"机会转变成新的'点子'，并使其
'能够得到广泛应用'的过程"（引用出处见图 5-3 资料来源②）。

2. 实现创新须跨越两道门槛

　　下面，假定你以人工智能和物联网为基础，想到了某个点子，

如果这个点子非常新颖，是其他人轻易无法想到的，然后你将这个发明整理成书面文件去向专利局申请专利，那么估计拿到专利证书应该不成问题。

但是，你不能说你拿到了专利，那么采用这个点子的产品或者服务就一定能被顾客接受，就一定能获得商业成功。

实际上，已经有人对此做过调查研究。根据 E·曼斯菲尔德针对美国大企业所做的实际调查显示，在所调查项目中，即便某个点子在技术方面的成功概率达到 80%，但是取得技术性成功的点子再获得商业性成功的概率仅为 20%（引用出处见图 5-3 资料来源③）。也就是说，就这个调查而言，从总体来看创新的成功率仅为 16%（见图 5-3）。

有的人，看到自己某个点子在技术上很成功，取得了专利，然后就错误地认为其商业性成功也是板上钉钉的事情。然而，如上述调查结果所示，技术性成功仅仅是迈出了第一步而已。

虽然某种产品在技术上很新颖，但如果顾客不掏钱购买，那么销售这个产品的企业也无法取得竞争优势。也就是说，一个技术性点子（即发明、创造），只有取得商业性成功，得到顾客（即社会）的广泛接受，才能称之为创新。

3. 改称"创新普及"更为贴切

在"**1.'创新'与'发明创造'的区别**"中，我们了解到，创新是"将技术等的机会转变为新的点子，并对其进行广泛普及的过程"。结合作为本书题目的人工智能和物联网来讲，将这种技术转化成可以提供新型"产品"或者"服务"的点子，或者是通过人工智能和物联网技术对公司内部的"生产流程"进行更新，这只是第一步。

创新的第二个步骤，是针对技术上已经成功的新型产品或服务，设定合理价格并选取合适的商业模式，通过运用各种营销手法

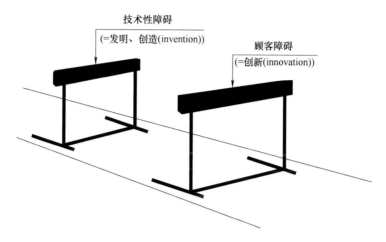

图 5-3　实现创新需要突破两个障碍

（资料来源：①玉田俊平太著《日本のイノベーションのジレンマ　破壊的イノベーターになるための7つのステップ》；②乔·蒂德等著《创新管理》；③Mansfield, E., J. Rapoport, J. Schnee, S. Wagner and M. Hamburger (1972) Research and innovation in the Modern Corporation. Macmillan, London）

注：图中的括号为作者补充加入。

使其得到普及（如果是生产流程创新，那么很多时候其"顾客"就是公司内部的其他部门）。

也就是说，不管是产品创新还是生产流程创新，让顾客接受创新，对其进行普及，这是实现创新的重要使命。

琢磨出以新技术为基础的新型产品、服务或者流程的点子，然后让它被众多的顾客接受，这个过程就是创新。

在把创新的这一系列复杂流程翻译成日语时，我把创造出新点子的"创新"与使之得到顾客广泛接受的"普及"这两个词语结合起来，提出了"创新普及"这个译法。很多人都对此表示赞同（见图 5-4）。

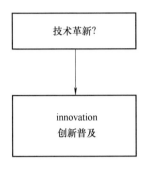

图 5-4 innovation 应该怎么翻译？

5.2.3 什么是颠覆式创新的威胁？

近年来，市场占有率很高的优秀大企业，被新加入企业的那种"刚开始看起来很像玩具"的产品搞得焦头烂额，甚至被搞垮，这种事情在很多行业屡屡发生。

例如，在作为计算机外部存储器的硬盘这个行业，到目前为止，至少已经产生过 6 次创新，然而仅有两次是由行业中坚企业在下一代产品中继续维持领先。反言之，即 6 次中有 4 次，都是新加入企业在下一代产品竞争中获胜。

另外，比如最近，在日本制造（Made in Japan）占据优势的数码相机领域，袖珍数码相机的销售额正急剧减少，大有即将被手机的拍照功能颠覆之势。

一般来讲，就企业间的竞争来讲，已有大企业更具有优势。因为它们已经建立了广泛的顾客关系，所以顾客的想法和要求也更容易收集上来，用于研发的资金和人才也更为充足，生产技术也已经确立成型，另外无论销售网络还是服务网络，都是已经完成构建的已有企业更为有利，这是不言而喻的。当然，就品牌力而言，也肯定是已有企业才具备或者说更为强大。

既然如此，拥有如此众多有利条件的已有大企业，为什么还会被新加入企业"颠覆"搞垮呢？而且，这种事情还在各行各业接二连三地发生，这是为什么呢？

1. 只想把已有产品做得更好

按常理来说，毫无历史积淀的初创小企业想要与具有一定历史的大企业通过正面竞争获胜，这势必比登天还难。确实如此，在"把已有产品或者服务做得更好"这类竞争上面，已有大企业往往显示出压倒性优势。"把目前已有产品或者服务做得更好——实现比以往更为优越的性能，以进一步提高已有顾客的满意度"，美国哈佛大学商学院教授克莱顿·克里斯坦森把这种创新定义为"维持性（sustaining）创新"。

这类创新，因为是为了针对收益性最高的顾客以较高的利润率把商品销售出去，所以对已有大企业来讲，他们具有在市场上去积极奋战的强烈动机。因此，获胜者几乎每次都是经营资源极为丰富和充足的老牌大企业。我想，一提起"创新"这个词，很多读者首先联想到的也是这种"维持性创新"吧。

2. "小玩意儿"颠覆大市场

与之相比，颠覆性创新指的是能够带来下列产品或服务的创新（见图 5-5），即"虽然对于已有主流顾客来讲其性能过于低下、显得没有吸引力，但是对于要求不太严苛的顾客（低端型）来讲却仍有需求的那种简单、方便易用、廉价的产品或服务"。

换句话来讲，颠覆式创新所带来的产品或服务，因为不具备已有企业的主流顾客所重视的那种高性能，所以"即使把它拿到已有产品的主流顾客面前，他们也懒得理睬，恨不得说：这是什么'玩意儿'！"

"开什么玩笑！就算是暂时现象，怎么可能有性能反而变得低下的创新呢？"

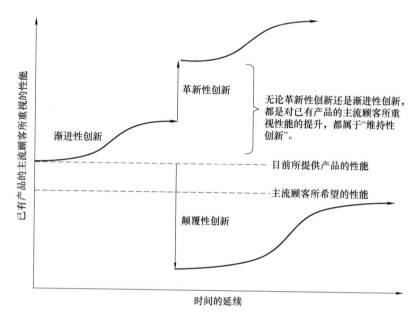

图 5-5 创新的分类

（资料来源：玉田俊平太著《日本のイノベーションのジレンマ 破壊的イノベーターになるための7つのステップ》）

——肯定也有读者对此感到纳闷，甚至不服气。可是，你们仔细想想吧。很多曾经改变这个世界的创新，都是始于颠覆式创新。例如，索尼早期研发的随身听，与放在家里的立体声音响相比，其音质差得不是一星半点儿；早期采用微处理器的个人计算机与大型计算机相比，性能也差多了。然而今天，很多人听音乐使用的都是耳机式的立体声随身听；全球一大半的计算任务都是通过以微处理器为基础的服务器来完成的。

另外，智能手机最先不过是在音乐播放器上增加了通话和短信功能而已，但现在已发展为一个关键设备，承担着一多半的个人信息处理任务。目前，其主存储器的容量已经发展到超过 100GB 的程度。更有甚者,云服务的普及正在把我们带入新的时代——存储容量大小已不再具有竞争意义。

3. "不破不立"

因此,在运用人工智能和物联网技术琢磨新型商业模式时,倘若搞成与已有大企业进行正面交锋的那种维持性创新,那么就不得不与他们在同一"红海市场"展开生死血战,这对于新兴企业来讲并非上策。

因为横扫优秀大企业、将其打得落花流水只能靠颠覆式创新,所以在探索运用人工智能及物联网的新型商业模式时,我们就应该考虑采用这种颠覆性方式。

4. 创新者的窘境

那些凭借维持性创新取得压倒性优势的大型企业已经完全具备这样的机制:即非常注意倾听最重要顾客的声音,为了满足其要求而从各种点子中挑选出最能让重要顾客获得满意的点子,然后优先投入资源,以最快的速度将其产品化,由此获得利润最大化。因此,在提升已有顾客满意度这种性能改进(维持性创新)的竞争方面,他们肯定是不会失败的。

然而,事物有两面性。正是由于这个机制的存在,使得那些并非是已有主流顾客所需要的、利润率较低但是却具有颠覆性的点子,被企业的中间管理层排除和摒弃。这样,本来可以用于这些商业点子的经营资源也被挪作他用。

之后,等颠覆式创新的性能逐渐提升,达到主流顾客所需水平时,这些大企业即使匆忙上阵提刀应战,也为时已晚,只能落得被颠覆式创新者无情打败的下场。

这样,那些擅长实施维持性创新的创新企业,最终却被颠覆式创新搞得束手无策并陷入穷困境地,这种现象被称为"创新者的窘境"。

需要注意的是，这种现象，其造成原因并非已有大企业的经营判断失误，反而恰恰是由其一系列合理、正确的判断所造成的结果，这点希望诸位能够明白。也就是说，大企业"正是因为其'正确无误的经营'，才导致被颠覆式创新打败的。"

5.2.4　如何掀起颠覆式创新？

假定有一天，你的上司命令你去开拓新业务，我想，在读者诸君里面，不知如何下手而无计可施者应该大有人在吧。从理论上来讲，只要是自己公司尚未涉及的业务都可以称之为新业务，因此上自发射火箭送卫星上天，下至开个拉面馆搞餐饮，新业务是个筐，什么都可以往里装，然而这样却没法缩小范围和确定目标。

1. 寻找"非消费"

这时候，我们可以参考克里斯坦森教授的"非消费"概念。非消费指的是产品或者服务由于某些制约因素的存在而未能得到消费的状况。

开拓新业务，首先需要找到处于这种非消费状态的"非消费者"，然后由团队成员一起探讨如何解除妨碍消费的制约因素，找到尽可能简单明了的解决对策。这样，我们就一定能掀起"新市场型颠覆式创新"（见图 5-6 的战略①）。

2. "非消费"的四个制约性因素

妨碍我们消费的制约性因素都有哪些呢？

克里斯坦森教授认为，主要存在"技能""资金实力""途径"和"时间"这四个制约性因素（见图 5-7）。

（1）技能性制约。

技能性制约，指的是因为人们不具备合适的技能，所以导致即使有想用的产品或者服务也无法进行消费的状况。

例如 1970 年之前的计算机即是如此。当时的主流大型计算机，

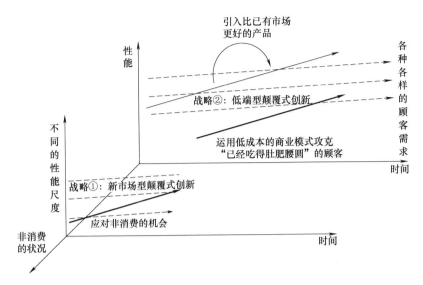

图 5-6　掀起颠覆式创新的两大战略

（资料来源：根据克莱顿·克里斯坦森等 著、玉田俊平太 监修/樱井祐子 译《イノ
ベーションの解》第 55 页内容，由作者加工制作。）

必须由数名经过专门培训的专业操作人员组成的团队才能对其进行
操作和使用。

也就是说，在个人计算机出现之前的计算机，要使用它还必须
有专家相助。这样的话，当时世界上一多半的人即使"想使用计算
机"，但估计也会被这种过高的技术障碍吓得畏缩不前。

在读者们所熟悉的行业里，如果存在必须要有专家帮助才能使
用的产品或服务，这就表明里面存在消费者技能障碍，由此，这里
面就很可能存在被称为"非消费"的商业机会。

（2）**财力制约**。

财力制约，说得通俗一点，就是说消费者"想买却因为太贵而
买不起"。回顾创新的历史我们就会发现这样的现象：通过生产流

非消费，指的是产品或者服务由于某些制约因素的存在而未能得到消费的情况。

存在缺陷或不足之处	目前的消费状况
① 技能	需要借助专家的帮助才能消费的产品或者服务
② 财力	虽有需求但因为太贵而买不起的产品或者服务
③ 途径	因为被限定在特定场所或者条件下，只有在这些特定地方才能进行消费的产品或者服务
④ 时间	消费起来感到很麻烦或者需要花费很多时间的产品和服务

> 如果存在此类制约因素，则说明这就是"非消费状况"，因而这里面蕴含着产生"新市场型"颠覆式创新的机会

图 5-7　将"非消费者"作为目标

（资料来源：玉田俊平太著《日本のイノベーションのジレンマ　破壊的イノベーターになるための7つのステップ》）

程创新等实现了大幅度成本削减的企业，后来即使降低了价格也仍然能够确保利润；这样，不单是一小部分富裕阶层或者大企业，而且一般消费者或者作为中坚力量的中小企业等也都变成了这些创新企业的顾客，由此使得其利润不断增加。

　　例如，汽车的普及即是如此。在问世初期，汽车曾经是一种奢侈品，只有贵族富豪才能拥有。后来，美国福特汽车的创始人亨利·福特，通过实施传送带流水作业这种汽车生产流程创新及大规模生产等，实现了汽车价格的大幅度降低，从而使得汽车对于普通消费者而言所存在的财力制约因素得以解除。这样，普通百姓也具备了购买汽车的能力。由此，汽车也就变成了老百姓日常生活的代步工具，以及取代原有的人力车承担起了为人类运输货物的功能，在世界上得到了广泛应用。就日本企业的例子而言，任天堂的家用电脑

游戏机也属于此类。

（3）**途径制约。**

途径制约，指的是某种商品或者服务被"封闭"在特定场所或条件下、离开了那些地方就无法消费的情况。

随身听出现之前，在客厅稳居一隅的音响系统、便携式计算机盛行之前的台式计算机、手机流行之前的固定电话，等等，这些东西如果你不去特定的地方（家里或者办公室）是无法使用的。另外，在过去，如果你不去游戏中心就无法玩那种电视游戏，不去相片冲洗店就既不能冲洗胶卷，也不能欣赏到自己的照片。

最近刚流行起来的"游牧民"（nomad）工作方式，假如没有便携式计算机的高性能化、无线互联网及云服务等的出现，那么它也不过是天方夜谭吧。

要找到这个途径制约因素，需要问两个问题。第一个问题是，"对于已有产品或者服务，在现阶段，是否还存在消费者希望消费却未能实现的'情况'？"寻找途径制约因素的另外一个问题是，"是否存在尽管顾客有需求、但是因为没有途径而无法触及的'产品或者服务'？"

例如，在过去，如果想看日本自卫队演习的录像资料，若不去那种只在大城市才有的军事专业商店，是不可能搞到手的。但是今天呢，只要我们登录 YouTube 或者"NICONICO 动画"等视频网站，即便是极为小众需求的影像资料，我们在家里也能够轻松观赏到。

像这样，尽管有需求，但是商品或者服务因为散布广泛而变得稀少，从而使得顾客难以触及。如果我们能够发现这类现象，并研发出解决这个问题的产品或者服务，那么我们也就可以掀起颠覆性创新了。

（4）**时间性制约。**

时间性制约指的是：尽管具备消费的技能、财力，也能够接近和抵达商品或服务的提供场所，但是却嫌消费起来很麻烦、觉得很费时间。

要找到时间性制约因素，也只需要回答两个问题即可。

第一个问题是：过去曾经消费过，但后来因为太费时间而中断了消费，有没有这样的消费者？

在学生时代曾经非常沉迷于玩游戏，而工作以后却不再有此爱好，这样的人不在少数吧。这是因为以前的主流大部头游戏，闯关游戏等所需时间甚多，对于忙碌的上班族来讲很难坚持下去。

但是，最近智能手机上的游戏大都被设计成了利用闲暇琐碎时间就可以玩的形式。所以，进入智能手机时代之后，重拾游戏者也不在少数。

将上班族的时间性制约因素巧妙地摒弃并创造出新的消费，这算是一个典型例子。

寻找时间性制约因素的另一个问题是，"要做到熟练使用这个产品，需要几个小时？"

我很喜欢苹果个人计算机，它上面免费安装了该公司研制的演示软件keynote。而且，我也认为，如果使用史蒂夫·乔布斯引以为豪的这个软件，制作出来的演示文件效果应该比微软的 Powerpoint 更为出色。

可是，我因为抽不出时间去学习 keynote 的用法，因此只好继续使用 Powerpoint。也就是说，尽管我具备消费 keynote 的能力、财力和场所，但是由于没有时间去学习使用方法，所以一直未能对 keynote 进行消费。

假如我们能够找到这类时间性制约，为了解决该问题而将使用方法设计得更为简单，或者利用零碎时间就可以掌握，如果我们能够提供这样的产品或者服务，那么也就能够创造出新的具有颠覆性的业务了。

3. 寻找满意度过剩的顾客

有时，即使我们汇集各种高智商人才去寻找非消费状况，也还是无论如何也找不到。这时候，就可以考虑颠覆式创新的第二条路子了，即寻找"满意度过剩"的顾客，尝试实施低端型颠覆式创新（见图 5-6 的战略②）。在即使再怎么提高产品或服务的性能也无法带来顾客满意度提升时，这个方法尤为有效（见图 5-8）。

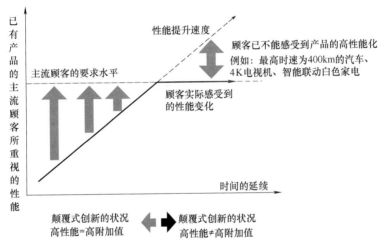

图 5-8　去寻找那些已经满意度过剩的顾客

对于笃信"高性能 = 高附加价值"这个等式的工程师们来讲，这种做法大概一时半会儿还难以接受。然而，环顾四周，比如汽车的最高时速或者个人计算机的 CPU 速度、与智能手机联动的白色家电、4K 电视机，等等，这些东西顾客已经"吃得很饱了"，即使再往他们碗里"夹肉夹菜"，他们也不会感到满足。实际上，处于这种状况的产品和服务并不在少数。

如果你所在公司的产品或者服务，无论怎样追加新的功能，顾客也不愿意支付相应的高价格，那么，说不定在某个地方已经有人在虎视眈眈地盯着你，准备随时用更为简单、更低价格的解决方案来颠覆你的业务了。

防止这种局面出现的对策只有一个——"在被他人颠覆之前，先自我颠覆。"除此以外别无他法。

5.2.5 "新酒须装新酒瓶"，创意要放新锦囊

在克里斯坦森教授的理论所导出的行动法则里面，最重要的一条是"颠覆式创新需要交给其他独立团队去实施"。

实施持续性创新的团队组织，在适应不断满足已有顾客要求这方面已经达到最优化，你让它去搞"颠覆式创新"，这无异于对已进化成在高空翱翔的飞鸟说："你入地潜行吧。"因此这原本就是不切实际的事情。

组织是什么呢？它的主要作用是：把技术及人才等资源按照组织成员在决定日常行为时所用的价值标准来进行分配，然后，通过群体或者个人在组织内部进行相互合作或者相互作用的流程，将其转换成产品或者服务。

而且，除非是经营者有意识地去改变，否则组织的价值标准及生产流程将一成不变。在实施维持性创新时，极为有效的组织的价值标准和生产流程在实施颠覆式创新时反而会成为阻碍因素（见图5-9）。关于这点，让我们通过实际例子来学习一下吧。

我们来看看SONY公司通过PlayStation打入家用游戏机市场的例子。

作为游戏机来讲，如果机器的价格不便宜，那么人们就不会去购买。为了让游戏软件的品种更为丰富，首先必须提高平台的魅力，为此就需要尽早并且大量地使其得到普及，营造出只要推出好的游戏就一定能畅销的氛围。为此，就必须通过大胆设计和零部件的大批量筹措使得生产成本大幅度降低，另外，还需要压缩利润把销售价格做到足够低廉。

考虑到这些因素我们就能够明白：如果采用与已有家电相同的

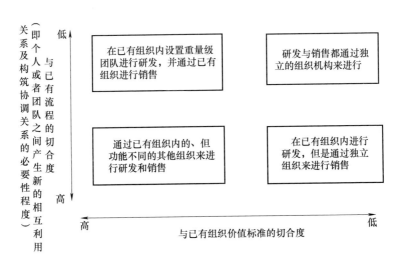

图 5-9　颠覆式创新的任务需要交给独立的组织机构去完成

标准来定价，那么游戏机的普及势必难以实现。也就是说，该项目与 SONY 公司的已有组织的价值标准（靠硬件来赚取利润）的切合度很差，另外，为了开展平台业务，也必须与音乐界等具有新知识的人士一起构筑新的业务流程。这点想必大家都能理解。

因此，SONY 公司进军游戏机的例子，按照图 5-9 来讲就应该属于图中右上方一类，即"研发与销售都通过独立的组织机构来进行"。

所以，SONY 公司在打入家用游戏机市场时，选择了在 SONY 公司外部成立"索尼电脑娱乐公司"这个新组织来推进该项目的策略，并由此获得了成功。

这个事例告诉我们："新酒"（颠覆式创新）必须要装入"新的酒瓶"（独立的组织机构），否则它是会腐烂和变质的。

【测试题】

以下是有关创新定义的句子，请将括号内空白处填写完整。

（1）所谓创新，就是将技术等的（　　　　）转变为新的

（　　　　），并对其进行（　　　　　　　）。

（2）所谓维持性创新，即指将目前已有产品和服务进行
（　　　）＝实现超出以往的优秀性能，以使（　　　　　　）得到
更多的（　　　　　　）。

（3）颠覆式创新指的是，尽管对于已有的主流顾客来讲
（　　　　　　　　　），看起来没有吸引力，但可以针对（　　　）顾
客或者（　　　）顾客进行宣传的、简单易用并且廉价的产品和服务。

（4）由于存在某些制约因素而使得产品或者服务得不到使用的
状况被称为"非消费"，这些妨碍消费的制约性因素有四个：
（　　　　）、（　　　　）、（　　　　）、（　　　　）。

（5）如果陷入顾客满足过剩的状态，那么即使将自己公司
产品或者服务的某种（　　　　）进行提升，也无法带来顾客的
（　　　　　　　　）。

【测试题参考答案】
（1）机会；点子；广泛普及
（2）改进；已有顾客；满意度提升
（3）性能过于低下；新的；要求不高的
（4）技能；财力；途径；时间
（5）性能；满意度提升

参考书目

《日本のイノベーションのジレンマ　破壊的イノベーターに
なるための7つのステップ》（《日本的创新困境——成为颠覆式创
新者的七大步骤》），玉田俊平太著，翔泳社出版。

克莱顿·克里斯坦森教授曾在其著作《创新的窘境》中提出颠
覆式创新的理论及对策。在本书中，玉田俊平太教授结合日本企业
的案例，对克氏理论及相关策略等进行了通俗易懂的解读。

人工知能 &IoTビジネス/by 日経大数据/ISBN：978-4-822-23656-4

KONO ISSATSU DE MARUGOTO WAKARU JINKO CHINO & IOT BUSINESS by Nikkei Big DATA.

图书在版编目（CIP）数据

人工智能与物联网应用/日经大数据编著；高华彬译.—北京：机械工业出版社，2019.8

（人工智能系列）

ISBN 978-7-111-63380-8

Ⅰ. ①人… Ⅱ. ①日… ②高… Ⅲ. ①互联网络–应用–普及读物 ②智能技术–应用–普及读物 Ⅳ. ①TP393.4-49 ②TP18-49

中国版本图书馆 CIP 数据核字（2019）第 162128 号

机械工业出版社（北京市百万庄大街22 号　邮政编码100037）
策划编辑：孔　劲　责任编辑：孔　劲
责任校对：高亚苗　封面设计：张　静
责任印制：张　博
北京铭成印刷有限公司印刷
2019 年9 月第1 版第1 次印刷
145mm×210mm · 6.25 印张 · 152 千字
0001—2500 册
标准书号：ISBN 978-7-111-63380-8
定价：69.00 元

电话服务　　　　　　　　　网络服务
客服电话：010-88361066　机 工 官 网：www.cmpbook.com
　　　　　010-88379833　机 工 官 博：weibo.com/cmp1952
　　　　　010-68326294　金 书 网：www.golden-book.com
封底无防伪标均为盗版　　　机工教育服务网：www.cmpedu.com